Yoichi Sato

[日]佐藤阳一 ————————著 吕灵芝 ————————译

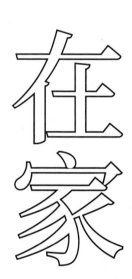

IENOMI WINE
GUIDEBOOK

侍酒师的
家庭葡萄酒品饮指南

新星出版社　NEW STAR PRESS　　　　ソムリエ直伝 チャートで選べる　家飲みワインガイドブック

CONTENTS

* 本书使用计量单位 1 杯容量为 200ml，1 勺容量为大勺 15ml、小勺 5ml。1ml=1cc。

* 本书介绍的葡萄酒、葡萄酒具、葡萄酒厂信息和式样实际可能已发生变更。

关于葡萄酒，经常能听到这样的问题和烦恼。

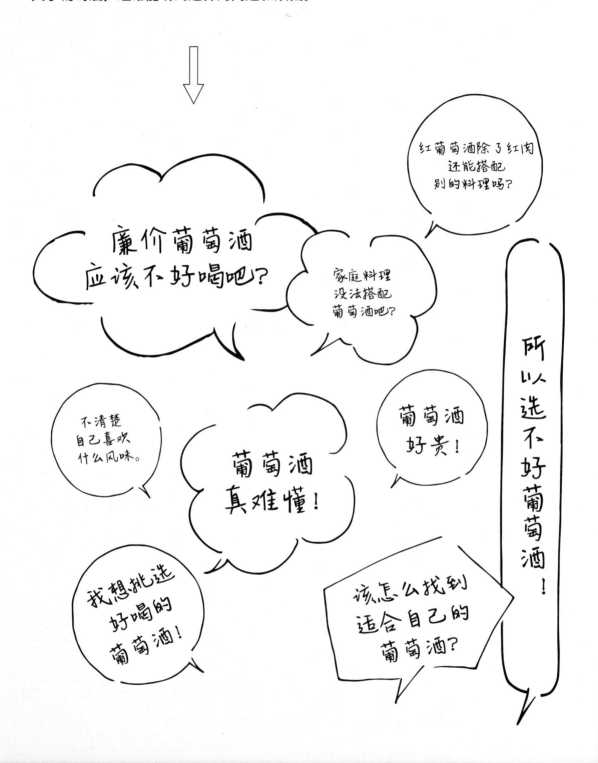

那真是，太遗憾了。

尚未饮用就与葡萄酒拉开了距离，
实在是很可惜。

首先，
记住一些葡萄酒的"风味法则"和"配餐关系"，
然后去尝尝看吧。

你一定能体会到品葡萄酒的乐趣，
感觉自己跟葡萄酒又亲近了一些。

法则 1

葡萄酒风味法则

葡萄的——

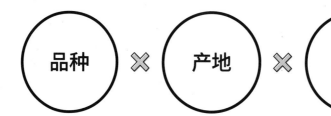

香气内敛还是强势，果皮颜色是浓是淡等，可以根据葡萄品种的不同来判断葡萄酒风味的趋向性。

在凉爽地区种植的葡萄酸味较强，口感清爽。相反，在温暖地区种植的葡萄则有着浓郁的甘甜和丰富的果香。

要把葡萄做成何种风味的葡萄酒？根据酿造者对葡萄酒的理解和技术，能够表现出各种各样的风味。

只要关注这三点，

本书主要介绍构成风味核心的"品种"。

就能了解葡萄酒的风味！

法则 2

料理与葡萄酒搭配的法则

料理的——

色	温	味
淡色料理搭配淡质葡萄酒，深色料理搭配浓质葡萄酒。	冷餐搭配淡质葡萄酒，热餐搭配浓质葡萄酒。	清淡风味搭配淡质葡萄酒，厚重风味搭配浓质葡萄酒。

只要关注这三点，

就能挑选出
与料理搭配的葡萄酒！

『葡萄酒很难懂』？

世界各地都有酿造葡萄酒的酒厂，葡萄的种类也丰富多彩，酿造者更是多如繁星。甚至还有"Vintage"这种形容葡萄酒年份的词。

千万不要顽固地说自己"不懂葡萄酒……"不如先来尝尝吧。

手中的葡萄酒是"淡质"还是"浓质"？

本书的介绍重点就是葡萄酒的"淡质"与"浓质"。

Chapter1 将介绍葡萄酒的制法、产地等"挑选葡萄酒的基础"。

Chapter2 将利用葡萄酒图表，说明由品种决定的"淡质"与"浓质"。

在此基础上，进一步传授挑选佐餐葡萄酒的诀窍。

在 Chapter3 和 Chapter4，则反过来介绍搭配"淡质"与"浓质"葡萄酒的料理食谱和家饮葡萄酒的技巧。

到了 Chapter5，我们将走出家门，前往酒庄。

让浓缩了大自然恩惠的葡萄酒品味起来更美味，更有趣！

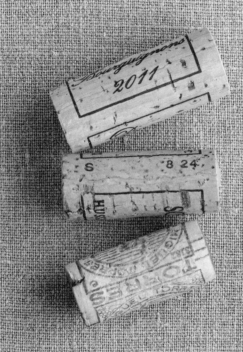

CHAPTER

1

葡萄酒的基础

第 1 章登场的葡萄酒风味法则:

（品种） ※ （产地） ※ （制法） ＝ 葡萄酒风味

作为乐享葡萄酒的第一步,我们先来记住一些葡萄酒的基础知识吧。这样一来,就有更多机会邂逅自己喜欢的葡萄酒了。

QUESTION :

葡萄酒究竟是什么酒?

ANSWER :

它是一种仅使用葡萄酿造的酒。

葡萄酒中不添加一滴水,仅使用葡萄进行酿造。因为葡萄的风味被完完全全浓缩在了葡萄酒中,不同葡萄品种及产地特性、气候等因素都会给葡萄酒带来不一样的风味,同时也给品味葡萄酒带来更多乐趣。

QUESTION :

葡萄酒有哪些种类？

是否起泡？

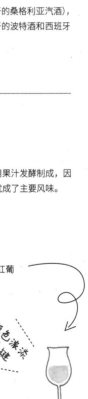

ANSWER : ———————— 以制法来区分 ————————

"安静的"
葡萄酒

无泡葡萄酒

以葡萄果汁发酵制成，不含二氧化碳的无起泡性葡萄酒。指白、桃红、红葡萄酒。

"绽裂的"
葡萄酒

起泡葡萄酒

含有二氧化碳的起泡性葡萄酒，特征为在口中绽裂的气泡。最具代表性的是法国香槟。

其他

在无泡葡萄酒中添加香草和果实制成特殊风味的加香葡萄酒（例如西班牙的桑格利亚汽酒），以及在发酵过程中添加白兰地提高酒精度数的加强型葡萄酒（例如葡萄牙的波特酒和西班牙的雪莉酒）。

ANSWER : ———————— 以颜色来区分 ————————

酸味与甜味

白葡萄酒

基本上只使用白葡萄酿制。在碾碎葡萄后除去果皮和种子，只用果汁发酵制成，因此不会染色。同样，因为没有果皮和种子，葡萄的酸味和甜味就成了主要风味。

桃红葡萄酒

从淡粉色和橙色直到无限接近红葡萄酒的颜色。主要用黑葡萄酿制。有酿制过程前半部分与红葡萄酒相同的类型，也有用黑葡萄按照白葡萄酒酿制方法制成的类型，其风味和色泽各不相同。

酸味、甜味与"涩味"

颜色浓淡是关键

红葡萄酒

用黑葡萄酿制。碾碎葡萄后将果皮、种子和果汁一起装桶发酵，因此在甜味和酸味之外，还会多出红艳的色泽和涩味。

葡萄酒的风味由 5 种要素构成

要素

1

亲切温和
的感觉

乐享葡萄酒的
第一步！

甜味

葡萄中含有的糖分经过发酵会变为酒
精。此时残余的糖分和其他成分就会
形成甜味。一般来讲，红葡萄酒属于
辛口，而白葡萄酒则涵盖了极甘口到
辛口，甜味范围较广。

要素

3

构成红葡
萄酒的主
要成分

涩味

涩味来自葡萄中含有的单宁酸，决定了葡
萄酒的个性。它是红葡萄酒尤为不可或缺
的要素。虽然葡萄的品种和制法会对其造
成影响，但一般来说，越成熟的葡萄涩味
越温和。此外，即使是单宁酸含量高的葡
萄酒，经过长期窖藏后风味也会变得温和。

要素

2

决定了葡萄
酒的风味

果味

是指含在口中品尝到的葡萄果香。越是
温暖的产地，葡萄果实越成熟，越能够
酿成果香浓郁的葡萄酒。这也是构成葡
萄酒丰盈和深邃口味的要素。

葡萄酒的风味，最重要的是这 5 种要素的平衡。例如只有酸味突出的葡萄酒会给人一种过于酸涩的浅薄印象。如果只强调甜味和果味，就显得扁平甜腻，不够收敛。

另外，各个要素较为平淡，就构成了"淡质葡萄酒"，若各个要素较为浓厚，就会构成"浓质葡萄酒"。这里所说的"淡质"和"浓质"会在 P30 开始介绍，它与搭配料理也有一定的关系。那么，就让我们先来尝尝葡萄酒吧。今天的葡萄酒是什么味道？"有很明显的葡萄味""酸味很重""有点甜味""有点酸"？若在品尝时对葡萄酒风味进行一些分析，说不定能增加找到自己喜欢口味的机会哦！

要素

4

白葡萄酒必不可少！

酸味

这是葡萄酒中必不可少的要素，尤其是决定白葡萄酒个性的关键所在。凉爽产地的葡萄酸味较强，风味清爽。相反，温暖产地则能酿制出温和稳重的风味。

要素

5

在岁月中趋于温和

酒精

酒精给葡萄酒带来醇美风味，葡萄酒度数越高，丰盈醇厚感就越强烈。充分成熟、糖分含量高的葡萄酿制成的葡萄酒，酒精度数也会更高。与单宁酸一样，经过长期窖藏，酒精度数也会趋于温和。

白葡萄酒 & 红葡萄酒
从葡萄到美酒

去除葡萄果实的茎（除梗），轻微碾压让果皮破裂，使果汁流出。

在不染色的前提下榨取果汁，仅用果汁进行发酵。

这一步是白葡萄酒的重要工序

白葡萄酒
White wine

使用白葡萄酿制
只用果汁发酵而成

葡萄的质量非常重要

收获·选果 → **除梗·碾压** → **加压（压榨）** → **发酵**

红葡萄酒
Red wine

使用黑葡萄酿制

发酵①·酿制 浸皮 (Macération) → **加压（压榨）**

这一步是红葡萄酒的重要工序

葡萄酒的风味很大程度上是由葡萄质量决定的。通过挑选优质果实，可以酿出美味的葡萄酒。

连同果皮和种子一起发酵。发酵中浸泡果皮和种子（浸皮），以萃取红色素和涩味。浸泡时间越长，酿出的葡萄酒色泽就越鲜红，涩味也越重，浸泡时间短则会酿成淡质葡萄酒。

提取葡萄酒，去除果皮和种子。

仅使用葡萄酿造、凝聚了纯粹大自然恩惠的葡萄酒，会因为酿酒人的想法和坚持、技术等因素形成不一样的风味。首先来介绍一下葡萄酒的酿制流程。

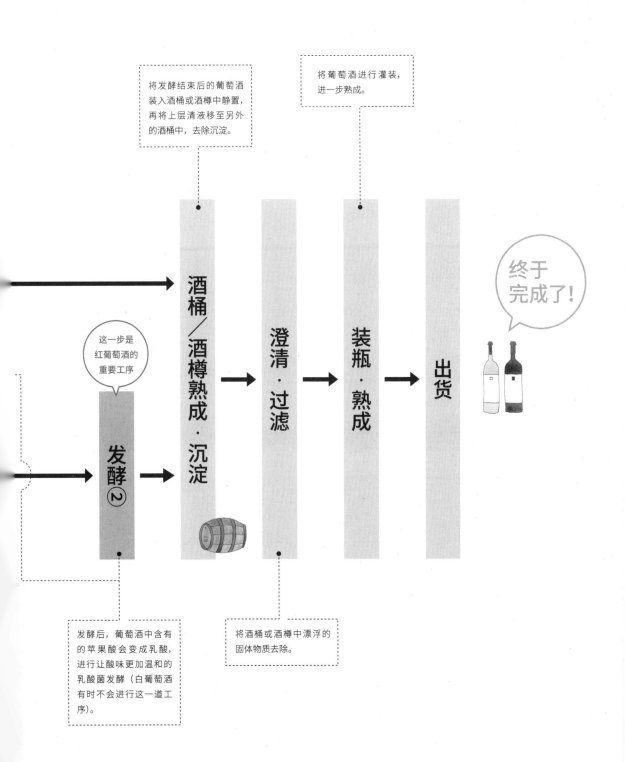

将发酵结束后的葡萄酒装入酒桶或酒樽中静置，再将上层清液移至另外的酒桶中，去除沉淀。

将葡萄酒进行灌装，进一步熟成。

终于完成了!

这一步是红葡萄酒的重要工序

酒桶／酒樽熟成·沉淀

澄清·过滤

装瓶·熟成

出货

发酵②

发酵后，葡萄酒中含有的苹果酸会变成乳酸，进行让酸味更加温和的乳酸菌发酵（白葡萄酒有时不会进行这一道工序）。

将酒桶或酒樽中漂浮的固体物质去除。

品种 × 产地 × 制法

葡萄酒风味法则

温度、日照时间、雨量格外重要
葡萄酒风味可由产地判断?

与和食绝配!
日本

高温高湿不适合葡萄酒酿制的说法已成历史。现在由于品种改良和酿造技术的发展，这里也能酿出优质葡萄酒。使用日本固有葡萄品种——甲州酿成的白葡萄酒和使用贝利Ａ麝香酿成的红葡萄酒，质地轻淡，涩味温和。清爽的口味与和食也十分相配。

Japan

种植葡萄的环境，年平均气温在 10℃—16℃最为理想。同时，产地还需具备适宜的日照、土壤和雨量条件才能进行种植。世界地图中用色块标出的地区便是主要的葡萄产地。其中，处在温暖地区的智利、阿根廷、澳大利亚种植出来的葡萄充分成熟，能够酿成酸味温和、果香浓郁的葡萄酒。相反，在欧洲和日本等凉爽产地种植的葡萄，则能酿成口味清爽、以酸味为特征的淡质葡萄酒。

稳定的品质
澳大利亚

国土南部区域为主要产地，占据全国总产量的约95%。这里酿制的葡萄酒品质稳定，风味多样。澳大利亚西拉葡萄酿制的辛辣厚重的红葡萄酒和香味浓郁的霞多丽在世界受到极高评价。就是南澳大利亚的酒厂首先采用了方便开阖的旋盖葡萄酒瓶。

用风味清爽的白葡萄酒干杯
新西兰

因为地处凉爽区域，所产长相思白葡萄酒口味清爽且香味独特，而享有极高评价。南岛马尔堡区是最大产地，目前其人气和品质都在迅速上升。

Australia

New Zealand

冰葡萄酒也很有名
加拿大

使用自然冷冻的葡萄酿制的冰葡萄酒非常出名，但也出产黑比诺和霞多丽酿制的优质葡萄酒。有许多由家族经营的酒厂。

Canada

与肉菜绝配！
美国

以加利福尼亚州为首，纽约州和华盛顿州也有出产。使用美国本土品种仙粉黛酿制的葡萄酒，酒精度高，果香浓郁，拥有不逊于牛排等肉类餐食的浓厚风味。虽然给人一种强势葡萄酒的印象，但也出产活用土地个性的矿物风味葡萄酒和品位优雅、酒精度低的葡萄酒。

① 加利福尼亚州
葡萄种植面积和葡萄收获量全美第一。在纳帕谷和索诺玛地区坐落着世界知名的酒庄。

② 俄勒冈州
气候凉爽，适合酿制酸味丰富的葡萄酒。红葡萄酒以黑比诺最为出名，白葡萄酒则是灰比诺。

③ 华盛顿州
葡萄酒产量仅次于加利福尼亚州，以梅洛和赤霞珠为中心，出产风味平衡的红葡萄酒。

④ 纽约州
近年葡萄酒酿造业飞速发展的地区。以个性十足的本土品种和雷司令、霞多丽为中心进行酿制。

③ *Washington*
② *Oregon*
① *California*
④ *New York*
USA

令人意外的优雅
阿根廷

与口味厚重的智利葡萄酒相比，这里出产的葡萄酒更温和、易入口。主要产地在安第斯山脉边缘的高海拔地区。红葡萄酒主要以玛碧酿制，白葡萄酒则以阿根廷代表品种——特浓情为主流。

好喝！便宜！大家都喜欢的葡萄酒
智利

因为价格控制良好，智利葡萄酒在日本也大受欢迎。甜味和果味浓郁，风味醇美。红葡萄酒以赤霞珠、梅洛为主流，白葡萄酒则主要有长相思和霞多丽。

Chile *Argentina*

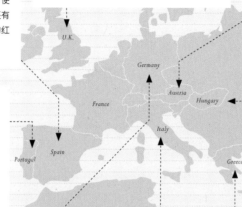

葡萄种植面积世界第一
西班牙

凭借广阔的土地和温暖的气候，坐拥世界第一的葡萄种植面积，产量也仅次于意大利和法国，排在第三位。使用本土品种丹魄酿制的红葡萄酒还有长期熟成型，里奥哈是世界著名的红酒产区。

不只有啤酒和麦芽威士忌
英国

产地位于温暖且拥有向阳坡地的南部地区。这里出产的起泡葡萄酒风味宜人，很受欢迎。

特产清爽白葡萄酒
奥地利

使用本地品种绿斐特丽娜酿造的白葡萄酒以独特的柑橘风味而广受欢迎。这里同时也出产口味辛烈的红葡萄酒。

首个传入日本的葡萄酒
葡萄牙

大航海时代第一种传入日本的葡萄酒就是葡萄牙的波特酒。这里同时还出产世界三大加强型葡萄酒之一的马德拉酒。除此之外，价格适中的桃红葡萄酒和微泡葡萄牙绿酒也极有人气。

从甘口到辛口
德国

这里是世界最靠北的葡萄产地，摩泽尔和莱茵高产区最为著名。这里出产的葡萄酒以辛口为主流，这几年德国红葡萄酒的人气和产量都显著增加。

葡萄酒产量世界第一
意大利

南北向狭长地形的意大利气候温暖，雨量较少，适合种植葡萄。全境20个州皆有葡萄酒出产，总产量世界第一。这里的本地品种众多，拥有许多极具个性的葡萄酒。

皮埃蒙特区（西北部）

内比奥罗葡萄酿制的意大利最高杰作巴罗洛葡萄酒极负盛名。

托斯卡纳区（中部）

以桑娇维塞葡萄为中心酿制的基安蒂等红葡萄酒。

品味历史
希腊

世界最古老的葡萄酒产地之一。推荐香气浓郁、口感醇厚的白葡萄酒。

傲人的高品质
以色列

葡萄酒产地位于高海拔地区，凉爽的气候和多样的土壤酝酿了口味丰富的葡萄酒。

潜力股！便宜好喝的葡萄酒
南非

主要在开普敦周边进行种植。这里丰沛的阳光和凉爽海风都能酿造出优质的葡萄酒。主要出产南非独有品种比诺塔吉酿制的红葡萄酒和长相思酿制的白葡萄酒等淡质葡萄酒。

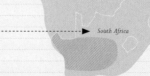

葡萄酒风味法则

品种

⊗

产地

⊗

制法

拥有世界三大贵腐酒
匈牙利

葡萄酒酿造历史非常长，可以一直追溯到公元前。这里温差明显，雨量较少，能够酿制出果香浓郁的葡萄酒。以托卡伊地区为中心酿制的高甜贵腐酒（参照 P18）更是世界闻名。

人气迅速上升！
格鲁吉亚

位于高加索地区的格鲁吉亚早在 8000 年前就有饮用葡萄酒的历史。这个产地极具个性的葡萄能够酿制出富有魅力的偏甜葡萄酒。

这里也有！①
中国

除本地品种之外，也引进了欧洲品种进行酿制。

这里也有！③
泰国

在水上葡萄园等地酿造独特的葡萄酒。

这里也有！②
印度

葡萄酒产地在类似西班牙和美国加利福尼亚州般的高地。醇厚风味不输咖喱的葡萄酒。

China

India

Thailand

11

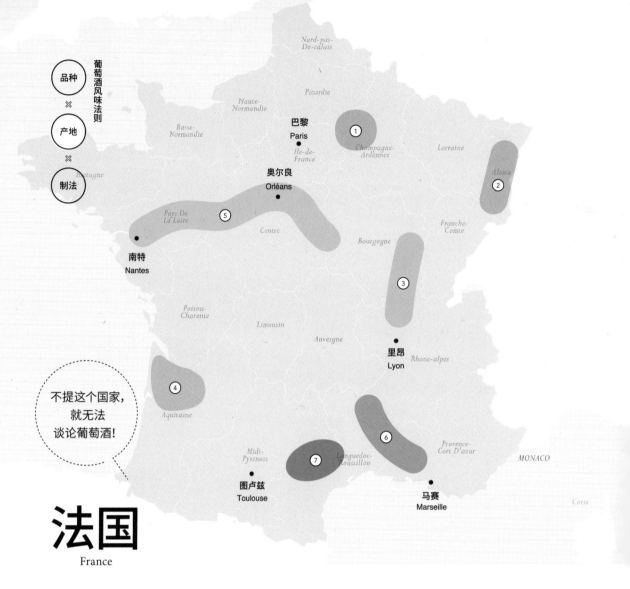

葡萄酒风味法则

品种
✕
产地
✕
制法

巴黎
Paris

奥尔良
Orléans

南特
Nantes

不提这个国家，
就无法
谈论葡萄酒！

里昂
Lyon

图卢兹
Toulouse

马赛
Marseille

法国
France

葡萄酒圣地法兰西。不同地区产出的葡萄酒风味千差万别，各地都在酿造能够代表当地的葡萄酒。西部波尔多地区和东部勃艮第地区是法国的两大葡萄酒产地，受到了来自全世界的关注。

① 香槟产区

起泡酒之王香槟酒的产地。这里的年平均气温保持在10℃左右，气候凉爽，能够产出优质且酸味较强的葡萄。

② 阿尔萨斯产区

这里出产的白葡萄酒以醇厚的酸味为特征。高级葡萄酒都使用雷司令、琼瑶浆、灰比诺、麝香等单一品种的葡萄进行酿制。

③ 勃艮第产区

这里地处丘陵地带，由各种不同成分的土壤构成，红葡萄酒使用黑比诺，白葡萄酒使用霞多丽进行单一品种酿制而成，尽管如此，风味还是多种多样。除此之外，酿酒人的想法和技术都反映在葡萄酒中，孕育出了许多个性非凡而极具魅力的葡萄酒。罗曼尼·康帝是其中翘楚。

④ 波尔多产区

以长期熟成型红葡萄酒闻名的产地，生产者多为"城堡酒庄"。"城堡酒庄"包揽从葡萄种植到葡萄酒酿制的整个过程，拥有广阔的土地和大规模的酿酒设施。拉菲、拉图尔、木桐、侯伯王、玛歌是波尔多五大酒庄，俘获了世界红酒爱好者的心。

⑤ 卢瓦尔河谷产区

卢瓦尔河谷区域的产地出产淡质白、红、桃红葡萄酒。长相思、白诗南等白葡萄酒产量较高。

⑥ 罗纳河谷产区

罗纳河流域的产地，盛产醇厚辛辣的红葡萄酒。目前，以维欧尼酿制的白葡萄酒产量也在增多。

⑦ 朗格多克、鲁西永产区

目前摆脱了廉价浓质红葡萄酒产区的印象，正在持续产出个性十足的葡萄酒。

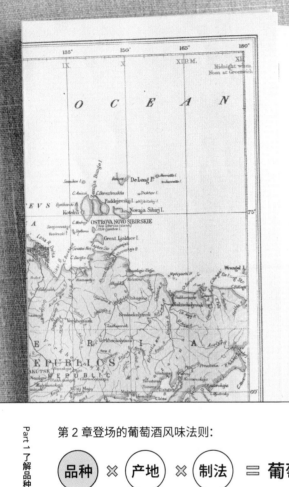

选择葡萄酒

第 2 章登场的葡萄酒风味法则：

 品种 ✕ 产地 ✕ 制法 ＝ 葡萄酒风味

葡萄酒能够完全反映葡萄的品种特性。虽然葡萄酒风味会因产地、气候和酿酒人的不同而产生差异，但只要把握好葡萄品种的特征，就能向自己喜欢的葡萄酒更进一步。

料理与葡萄酒搭配的法则：

 色 ✕ 温 ✕ 味 ＝ 选好佐餐葡萄酒

佐餐葡萄酒的挑选诀窍，在于料理的色、温、味。只要运用好让料理和葡萄酒相辅相成的法则和图表，就一定能找到最适合今天晚餐的那瓶酒。

PART 1　了解品种

白葡萄酒注重"酸味"！

　　这里将聚焦于白葡萄酒最受推崇的 10 个葡萄品种。只要将关注重点放在白葡萄酒的最大特征——酸味上，说不定就能挑选到你最喜欢的葡萄酒……

白葡萄酒风味分布图
White wine Chart

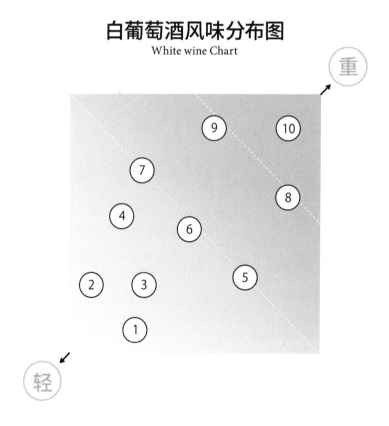

①绿斐特丽娜　②甲州　③密斯卡岱　④雷司令　⑤霞多丽　⑥白诗南
⑦长相思　⑧琼瑶浆　⑨维欧尼　⑩玛珊／瑚珊

＊根据产地、酿酒人和年份的不同，葡萄酒会在香气、风味、质地上有显著差异，图表所示仅供参考。

＊数字标明的品种位置包含了数字周围的广泛区域。

① 绿斐特丽娜 ［Grüner Veltliner］

与温州蜜柑的香气类似？

奥地利的代表性品种。以爽利的酸味、柑橘系清爽香气和矿物感为特征。因为绿斐特丽娜是风味轻淡的葡萄酒，与沙拉和鱼贝类前菜较为搭配。

代表产地：奥地利。

① ②

② 甲州 ［Koshu］

日本代表选手！

日本本土品种，酸味平稳而温和。最近也产出了个性鲜明的类型。颜色为淡柠檬黄，具有内敛的柑橘系清香。酿出的葡萄酒风味细腻，与和食十分搭调。2010 年得到葡萄酒国际审查机关 OIV 批准登记，作为酿酒用葡萄得到世界认可。

代表产地：日本山梨县等。

③ ④

③ 密斯卡岱 ［Muscadet］

最适合伴随海风品尝的酸味葡萄。

以类似柠檬的酸味和温和香气为特征。根据种植地不同，还能酿出具有矿物感的葡萄酒，与鱼贝类非常搭配。为了增强醇味，最常使用的是利用了葡萄水嫩特性的 Sur Lie（酒泥陈酿）酿造法（参见 P16）。

代表产地：法国卢瓦尔河谷地区。

⑤ ⑥

⑦　⑧

④ 雷司令　[Riesling]

冷艳美人。

　　特征是具有通透感的清丽酸味。颜色是略偏绿的柠檬黄。与麝香葡萄的果实香气类似。为了突出葡萄的清丽酸味，适合在凉爽的产地种植。德国和法国出产的雷司令具有酸味强劲的爽利风味，而澳大利亚出产的雷司令则具有艳丽风味。雷司令白葡萄酒与猪肉比较搭配。

代表产地：德国摩泽尔地区、法国阿尔萨斯地区、澳大利亚等。

Column

在店里看到的甲州种葡萄酒瓶标上写着"Sur Lie"酿造法，是什么意思？

甲州葡萄的酸味和果实味都稳重而温和。因此，现在越来越多酒厂开始改变传统种植和酿造方法，以期酿出它的个性。其中一种方法就是 Sur Lie（酒泥陈酿）。发酵结束后的葡萄酒不进行除渣工序，而是直接进行浸泡，这样就能酿出风味独特的葡萄酒。使用这种酿造法的葡萄酒都会在酒标上标明"Sur Lie"，请一定要试试看！

用颜色来比较！

② 甲州　　　　　　　　　　　　④ 雷司令

⑤ 霞多丽 [Chardonnay]

温润的醇美。

它是白葡萄酒的代表品种,世界各地都有其种植园。产地和酿酒人的不同会令它的风味产生变化,在凉爽地区种植的霞多丽能够酿出具有柑橘系清爽香气、酸味显著的葡萄酒。在温暖地区种植的霞多丽则会增添一份杧果等热带水果的清香,带出醇厚感。适合搭配奶油系的料理。

代表产地:法国勃艮第地区、美国加利福尼亚州、澳大利亚、意大利、智利、阿根廷等。

⑨　⑩

Column

Muscadet 和 Muscat 是同一品种吗?

它们经常被误认为是同一品种名在不同国家的不同发音,其实这是两种完全不同的葡萄。Muscat 就是所谓的麝香葡萄,经常被用于酿造甘口的葡萄酒,而 Muscadet(密斯卡岱)则是以酸味为特征的品种。因为爽口的风味而大受欢迎的鸡尾酒"基尔",如果用密斯卡岱白葡萄酒来制作会美味非凡。

⑤ 霞多丽　　　　　　　⑦ 长相思　　　　　　　⑧ 琼瑶浆

⑪ ⑫

⑥ 白诗南 [Chenin Blanc]

蜂蜜的甜美与芬芳。

白诗南酒的主要特征在于苹果般的酸甜，类型从辛口到甘口一应俱全。色泽是淡黄色。有着与蜂蜜相似的独特甜香。这是在比较凉爽的产地种植的品种，还能用来酿造优质贵腐酒＊。

＊贵腐酒：让贵腐菌在白葡萄表面繁殖，就能得到水分蒸发、糖分凝缩的葡萄。使用这种"贵腐葡萄"就能酿出非常甘甜的贵腐酒。

代表产地：法国卢瓦尔河谷地区、美国加利福尼亚州、南非、新西兰等。

⑬ ⑭

⑦ 长相思 [Sauvignon Blanc]

鲜爽、鲜爽、鲜爽！

长相思酒具有强烈的酸味和鲜爽风味。颜色是偏绿的柠檬黄。有着让人联想到薄荷与柑橘的清爽香气。在温暖地区酿制则会多出几分桃子和菠萝的馥郁甜香。该葡萄品种的种植范围之广仅次于霞多丽和雷司令。

代表产地：法国卢瓦尔河谷和波尔多地区、美国加利福尼亚州、新西兰、澳大利亚、意大利、智利、阿根廷等。

⑧ **琼瑶浆** [Gewürztraminer]

在荔枝的高贵馨香中得到治愈。

　　在气候凉爽的地区种植，以类似荔枝和玫瑰的华美馨香为特征。酸味稳重，风味强势，能够酿成个性十足的葡萄酒。还可酿制甘口酒。最适合充满异域风情的料理。

代表产地：法国阿尔萨斯地区、意大利北部、德国、奥地利等。

⑮　　　　⑯

⑨ **维欧尼** [Viognier]

白色花田般的清香。

　　因为在温暖干燥的土地上种植，可以酿出酸味温和且风味浓郁的葡萄酒。香气馥郁，让人联想到杏和热带水果。辛口型还有种类似白胡椒的辛辣感。

代表产地：法国罗纳河谷地区、美国加利福尼亚州、澳大利亚等。

⑰　　　　⑱

⑩ **玛珊／瑚珊** [Marsanne / Roussanne]

情同手足的葡萄。

　　因为特性互补，将二者混合酿制是主流！玛珊是法国罗纳河谷产区经常使用的白葡萄酒品种，以丰盈的香气为特征。它的酸味较温和，因此经常和酸味强劲的瑚珊混合使用。

代表产地：法国萨瓦和罗纳河谷地区等。

⑲　　　　⑳

品种
×
产地
×
制法

葡萄酒风味法则

PART 1　了解品种

红葡萄酒可关注"涩味"

这里将介绍 10 个品种的红葡萄酒。红葡萄酒在酿制过程中会把葡萄的皮和种子与果汁一同浸泡。从中孕育出的独特"涩味"便是风味的关键所在。

红葡萄酒风味分布图
Red wine Chart

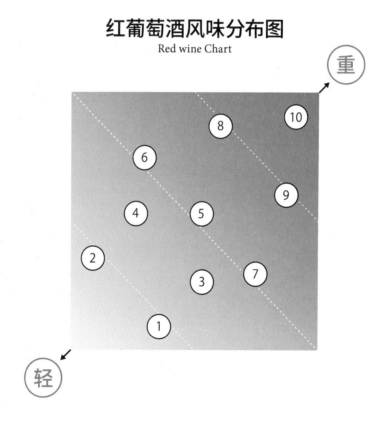

①黑比诺　②贝利 A 麝香　③佳美　④丹魄　⑤内比奥罗　⑥桑娇维塞
⑦梅洛　⑧赤霞珠　⑨西拉　⑩仙粉黛

* 根据产地、酿酒人和年份的不同，葡萄酒会在香气、风味、质地上有显著差异，图表所示仅供参考。

* 数字标明的品种位置包含了数字周围的广泛区域。

① 黑比诺　[Pinot Noir]

酸甜迷人。

　　这个品种比较适合在气候凉爽的产地种植，果实的甜味和酸味是其主要特征。而在较温暖地区种植的黑比诺酸味温和、果味丰富，可以酿出风味醇厚的葡萄酒。颜色是清澈通透的红宝石色，有着浆果系的迷人清香。

代表产地：法国勃艮第和阿尔萨斯地区、新西兰、美国俄勒冈州和加利福尼亚州等。

㉑　　㉒

② 贝利 A 麝香　[Muscat Bailey A]

爽口停不下来！

　　用原产美国的贝利葡萄和原产欧洲的汉堡麝香葡萄杂交而成的日本独创杂交品种。能够酿出入口甘甜、涩味温和、口感柔和的葡萄酒。与和食搭配度很高。以明亮清澈的红宝石色和草莓香为特征。

代表产地：日本。

㉓　　㉔

Column

风味醇厚的葡萄酒是什么样的？

葡萄酒的醇厚是指风味的浓度。比如，将盐拉面与猪骨拉面的面汤比较，猪骨汤更油更稠，感觉比较醇厚。同样，葡萄酒的果味越浓，余韵越悠长，其风味就越醇厚。

③ 佳美 [Gamay]

博若莱新酒的葡萄！

　　因博若莱新酒而闻名的品种。用它酿的酒有着让人联想到草莓和覆盆子等红色浆果的风味，淡质而果香浓郁，最适合在炎热的盛夏冰镇饮用。

代表产地：法国勃艮第和罗纳河谷地区等。

④ 丹魄 [Tempranillo]

热情如火的葡萄酒。

　　西班牙特有品种，全境都有种植。丹魄酿的酒以华丽的香气和酸味为特征，颜色是深红宝石色。长期熟成后还会产生芳醇的烟草香气。

代表产地：西班牙里奥哈地区等。

⑤ 内比奥罗 [Nebbiolo]

意大利葡萄之王。

　　主要在意大利巴罗洛等著名葡萄酒产地种植。用它酿的酒酸味和涩味丰富，适合长期熟成。熟成后会产生如同蔷薇、松露和雪茄相混合的复杂香气。颜色是接近黑色的深红。

代表产地：意大利皮埃蒙特地区。

⑥ **桑娇维塞** [Sangiovese]

酿制风味平衡而活泼阳光的葡萄酒。

意大利种植面积最大的品种，以酿制托斯卡纳的基安蒂酒而闻名。有着梅子系的丰富酸味，果味和涩味十分平衡。用它酿的酒颜色为深紫色或红色，散发着梅子和红紫苏的香气，是任何菜系都能选择的百搭风味。

代表产地：意大利、法国科西嘉地区、美国加利福尼亚州等。

㉛　　㉜

⑦ **梅洛** [Merlot]

世界级大明星。

有着梅子和蓝莓系的香气，可以酿出果味丰富、涩味柔和的葡萄酒。全世界都有种植地，在高温高湿的日本也能酿出优质葡萄酒。

代表产地：法国波尔多地区、美国加利福尼亚州、意大利、日本等。

㉝　　㉞

Column

快饮型与长熟型。

所谓快饮型，是指为突出果实鲜美而刻意压低酒精浓度的葡萄酒。博若莱新酒就是快饮型葡萄酒的代表。长熟型是指长期熟成后更好喝的葡萄酒。一般陈列在店铺里的葡萄酒，都是酿酒人认为随时可以开瓶饮用才出货的类型，因此购买后可以马上饮用，但根据酿制方法和葡萄品种、种植气候的不同，也有部分葡萄酒在稍微放置一段时间后可以得到更温润的风味。

㉟　㊱

⑧ 赤霞珠　[Cabernet Sauvignon]

先陈酿再品尝！

　　全世界都有种植地的酿酒葡萄代表品种。用它酿的酒有着黑醋栗和黑莓的清香，以偏黑的深红宝石色为特征。因为涩味与苦味浓重，属于长熟型的葡萄酒。此外，它也经常与其他品种混合酿制。在波尔多和加利福尼亚州等地会将其与梅洛和品丽珠混合使用，在澳大利亚则经常与西拉混合酿制。

代表产地：法国波尔多地区、美国加利福尼亚州、智利、意大利等。

Column

做个属于自己的葡萄酒图表吧

建议在喝过葡萄酒后，把品种、产地和酿酒人等信息做个记录。再进一步做成属于自己的葡萄酒图表和笔记册，除了能够离自己喜欢的葡萄酒更近一步，与不在表中的葡萄酒相遇时的乐趣也会倍增。

用颜色来比较！

①黑比诺　　　　　　　　　　　④丹魄

⑨ **西拉**　[Syrah / Shiraz]

如同一记重拳的强劲风味。

　　西拉是原产于法国罗纳河流域的葡萄品种，适合在气候温暖的地区种植。以类似黑胡椒的辛香味为特征，能够酿出风味浓郁的葡萄。在澳大利亚等地被称为Shiraz。

代表产地：法国罗纳河谷地区、澳大利亚、美国加利福尼亚州、阿根廷等。

㊲　　　　㊳

⑩ **仙粉黛**　[Zinfandel]

奢华而果香浓郁。

　　美国特有品种，以成熟浆果系的甜香与丰富的果味为特征。用它酿的酒口味中带着一丝辛辣，个性十足，但涩味温和，口感内敛。

代表产地：美国加利福尼亚州。

㊴　　　　㊵

⑥桑娇维塞　　　　　　⑧赤霞珠　　　　　　⑨西拉

PART 1　了解品种　　番外篇

桃红葡萄酒以"颜色浓度"来判断

桃红葡萄酒经常被误会成"白葡萄酒和红葡萄酒混合的产物"或"甜葡萄酒",但其实力却不可小觑。特别是辛口桃红葡萄酒,可以用于搭配任何料理。请务必了解一下桃红葡萄酒,然后尽情享用它!

桃红葡萄酒风味分布图
Rosé wine Chart

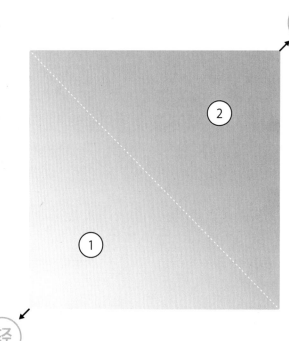

重

②

①

轻

① 淡质桃红葡萄酒,
黑比诺、品丽珠等。
② 浓质桃红葡萄酒,
丹魄、桑娇维塞、
歌海娜等。

桃红葡萄酒的颜色越深→风味就越浓厚!

① 淡质桃红葡萄酒

注重清爽。

　　淡粉色的桃红葡萄酒属于淡质型。多数都使用与白葡萄酒相同的直接压榨法，将黑葡萄果实进行压榨，再对稍微染色的果汁进行发酵酿制而成。风味较为接近白葡萄酒，轻盈而果香浓郁。适合搭配前菜中的蔬菜和鱼贝类，与和食也很相称。

主要品种：黑比诺、品丽珠等。

㊶　　　㊷

② 浓质桃红葡萄酒

略带涩味的风味。

　　接近红宝石色的深色桃红葡萄酒属于浓质型。多数都与红葡萄酒相同，将黑葡萄连同果皮和种子一起发酵，待染上一定程度的颜色后，再压榨出果汁单独酿制，这种制法被称为"放血法"。风味与红葡萄酒相似，也带有涩味，比较适合中餐和肉菜。

主要品种：丹魄、桑娇维塞、歌海娜等。

㊸　　　㊹

Column

桃红无法用混酒来制造？

在法国禁止使用红白葡萄酒混合的方法制造桃红葡萄酒。在德国则有将白葡萄果汁与黑葡萄果汁混合之后酿制桃红葡萄酒的制法。

起泡葡萄酒以"国别"来品鉴!

起泡葡萄酒是具有起泡性的葡萄酒的总称。其魅力在于酒杯中起伏的晶莹气泡和在口中绽放的口感。这种酒基本上可以搭配任何料理，但会根据国家和制法不同而有不同的名字，这里让我们先记住一些具有代表性的品种吧。

各国的叫法不一样

㊹ ㊺ ㊻ ㊼ ㊽

起泡葡萄酒风味分布图
Sparkling wine Chart

重

⑤

④

③

②

①

轻

①赛克特（德国）②卡瓦（西班牙）③斯普曼特、弗朗齐亚柯达（意大利）

④香槟、起泡酒（法国）⑤鲜红的起泡酒（澳大利亚）

① 赛克特　[Sekt]

德国

纯粹而爽快的风味。

采用了与香槟同样的酿制方法，酒精度 10%vol 以上，二氧化碳压力达到 3.5 个大气压以上的酒才能被称为赛克特。这种酒用清澈的果汁酿制，风味纯粹。起泡温和，还可以作为餐前酒饮用。

② 卡瓦　[Cava]

西班牙

轻盈而温柔。

使用的葡萄和酿制方法都与香槟一样，制法上有严格规定。因为使用了南部温暖地区种植的葡萄，酿出的酒酸味温和，很好入口。

③ 斯普曼特、弗朗齐亚柯达　[Spumante, Franciacorta]

意大利

略淡质而个性十足。

拥有许多品牌，根据地域不同，制法也五花八门，风味涵盖辛口、甘口，有果香浓郁的类型，也有熟成感较强的类型，个性鲜明，种类丰富。

④ 香槟、起泡酒

[Champagne, VinMousseux]

法国

起泡酒之王！威震四方。

经常有人认为起泡酒＝香槟，但香槟实际上仅指在法国香槟产区按照指定酿制方法酿出的起泡酒。除此之外，在法国境内酿制的起泡酒都被称为"起泡酒"，并且还根据二氧化碳压力分为自然起泡酒（Petillant，1~2.5 个大气压）和科瑞芒（Crémant，2.5~4 个大气压）。香槟有着浓郁的果味和酸味，香气馥郁。"起泡酒"则根据地区不同有着不同的风味，特征是起泡性较弱。

Column

⑤ 鲜红的起泡酒

澳大利亚

风味浓郁，力量十足。

以西拉为主料酿制的起泡酒有着起泡酒中少见的鲜红色泽，以浆果系的甘甜和柔滑为特征。跟香辛料十分搭配，也很适合用来搭配肉菜。

选择搭配今晚菜肴的葡萄酒。

经常有人认为，选择佐餐葡萄酒很难，其实只要掌握好料理的"色""温""味"，就能轻松挑选到最适合佐餐的葡萄酒。

料理之

色

"色"是指料理的色调。若是整体偏白（淡口味）的料理，就搭配白葡萄酒，偏红（重口味）则适合搭配红葡萄酒。

×

用料理图表确认 ——

温

"温"是指料理的温度。冷餐适合搭配清爽的淡质葡萄酒，热餐则适合搭配风味浓郁的浓质葡萄酒。

×

味

"味"是指料理调味的浓淡。调味简单的料理搭配淡质葡萄酒，调味复杂且浓郁的料理则更适合浓质葡萄酒。

与葡萄酒图表一对比……

就能挑出葡萄酒了!

这就是料理与葡萄酒搭配的法则!

用料理图表 + 葡萄酒图表来挑选葡萄酒吧！

"想用葡萄酒搭配晚餐时，真希望自己能一下就选到合适的葡萄酒"，为了帮你实现这个愿望，下面我们将传授使用"料理图表"和"葡萄酒图表"进行挑选的技巧。

料理图表

将料理大致分为"白色系"→"中间色系"→"红·褐色系"。从白色系到红·褐色系，颜色渐渐变深。

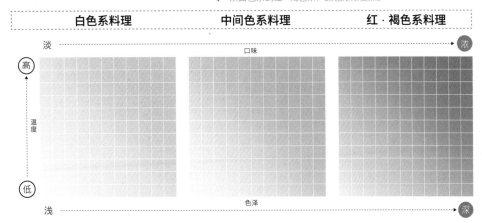

| 白色系料理 | 中间色系料理 | 红·褐色系料理 |

料理图表的查看方法

①下方横轴体现料理的色泽，越往右越深。
②纵轴体现料理的温度，越往上越高。
③上方横轴体现料理的口味，越往右越浓。

葡萄酒图表

*起泡酒基本上能够搭配任何料理，但建议优先考虑白葡萄酒—桃红葡萄酒这一片区域。

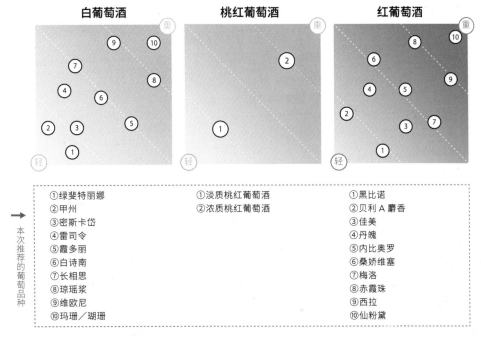

本次推荐的葡萄品种

白葡萄酒	桃红葡萄酒	红葡萄酒
①绿斐特丽娜	①淡质桃红葡萄酒	①黑比诺
②甲州	②浓质桃红葡萄酒	②贝利A麝香
③密斯卡岱		③佳美
④雷司令		④丹魄
⑤霞多丽		⑤内比奥罗
⑥白诗南		⑥桑娇维塞
⑦长相思		⑦梅洛
⑧琼瑶浆		⑧赤霞珠
⑨维欧尼		⑨西拉
⑩玛珊／瑚珊		⑩仙粉黛

再来看看实际案例吧→

例如——

Potato salad

土豆沙拉

STEP 1	按照"色"与"温"决定图表上的定位。

土豆沙拉之——

色 ⟹ 整体偏白　　　　　**温** ⟹ 低温

料理图表

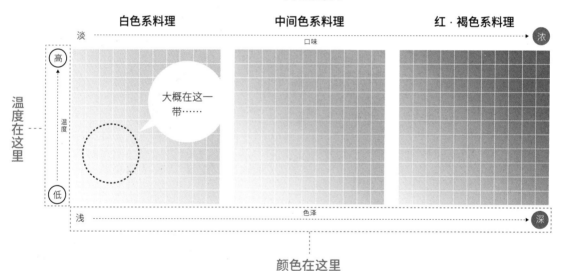

温度在这里

颜色在这里

Let's Try!

STEP

| 2 | 按照"味"进行调节。 |

土豆沙拉之——

味 ⟹ 蛋黄酱与食用盐调味

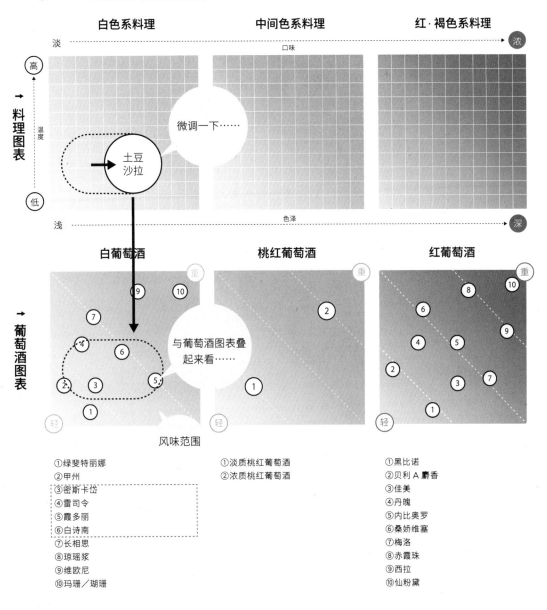

① 绿斐特丽娜
② 甲州
③ 密斯卡岱
④ 雷司令
⑤ 霞多丽
⑥ 白诗南
⑦ 长相思
⑧ 琼瑶浆
⑨ 维欧尼
⑩ 玛珊／瑚珊

① 淡质桃红葡萄酒
② 浓质桃红葡萄酒

① 黑比诺
② 贝利A麝香
③ 佳美
④ 丹魄
⑤ 内比奥罗
⑥ 桑娇维塞
⑦ 梅洛
⑧ 赤霞珠
⑨ 西拉
⑩ 仙粉黛

也就是说，

③—⑥的淡质到中质白葡萄酒应该会很合适！葡萄酒的酸味与土豆沙拉的清淡口味相互调和，组成了温和的风味。

接下来再给自己熟悉的料理搭配葡萄酒吧→

1 和食

什么葡萄酒能搭配酱油味的菜肴?

和食的调味料主要有糖、盐、醋、酱油、味噌等。经常有人认为这很难搭配葡萄酒，但它们的搭配度其实很高! 因为和食的调味丰富多变，能够搭配的葡萄酒种类也非常多。

☑ **放到图表上看看吧!**

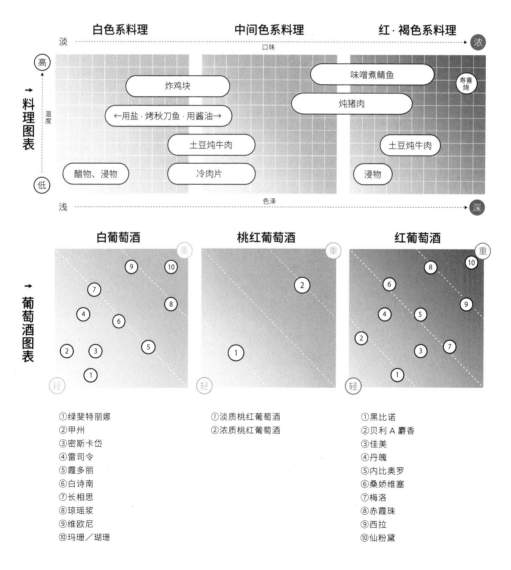

白色系料理　　中间色系料理　　红·褐色系料理

料理图表

- 炸鸡块
- 味噌煮鲭鱼
- 炖猪肉
- 寿喜烧
- ←用盐·烤秋刀鱼·用酱油→
- 土豆炖牛肉
- 土豆炖牛肉
- 醋物、浸物
- 冷肉片
- 浸物

淡　口味　浓
温度 高—低
浅　色泽　深

葡萄酒图表

白葡萄酒　　桃红葡萄酒　　红葡萄酒

白葡萄酒	桃红葡萄酒	红葡萄酒
①绿斐特丽娜	①淡质桃红葡萄酒	①黑比诺
②甲州	②浓质桃红葡萄酒	②贝利A麝香
③密斯卡岱		③佳美
④雷司令		④丹魄
⑤霞多丽		⑤内比奥罗
⑥白诗南		⑥桑娇维塞
⑦长相思		⑦梅洛
⑧琼瑶浆		⑧赤霞珠
⑨维欧尼		⑨西拉
⑩玛珊／瑚珊		⑩仙粉黛

* 根据产地、酿酒人与年份的不同，葡萄酒的香气、风味、质感会有很大差异，相关料理也仅选用了众多调味方法之一，故 P34—50 的推荐仅供参考。

浸物

色	绿色蔬菜点缀淡褐色木鱼花和酱油
温	低温
味	酱油调味，较为清爽

酱油的风味与红葡萄酒十分搭配。因为是口味比较清爽的料理，适合搭配淡质的白、红葡萄酒。

推荐葡萄酒

> 甲州、黑比诺、贝利 A 麝香等

葡萄酒和日本酒哪个更配呢……

冷肉片

色	淡粉色
温	低温
味	橙醋调味，较为爽口

橙醋调味的冷肉片是爽口的清淡料理，比较适合搭配酸味清澈的白葡萄酒和桃红葡萄酒。

推荐葡萄酒

> 霞多丽、淡质桃红葡萄酒、淡质红葡萄酒等

清新爽口的享受

土豆炖牛肉

色	整体呈现酱油的淡褐色
温	温热
味	咸味和淡淡的甘甜，肉味完全渗入土豆里

用盐简单调味的土豆炖牛肉比较适合中质的白葡萄酒。而味道浓郁鲜美的土豆炖牛肉则更适合果味丰富的中质红葡萄酒。

推荐葡萄酒

> 霞多丽、淡质桃红葡萄酒、内比奥罗等

出人意料的万能料理

浇上厚厚一层酱油会怎么样呢

烤秋刀鱼

色	身为白色，表皮有焦色
温	温热
味	仅用盐调味

应季的秋刀鱼脂肪肥美，鲜味十足。适合中质白葡萄酒。用酱油调味还能搭配桃红葡萄酒和淡质红葡萄酒。

推荐葡萄酒

盐调味：白诗南、长相思等
酱油调味：淡质桃红葡萄酒等

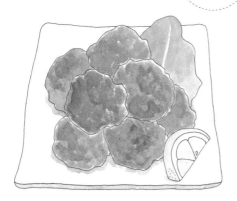

鸡肉 + 白葡萄酒或许最万无一失

炸鸡块

色	面衣为金黄色，鸡肉为白色
温	高温
味	酱油和蒜味打底，口感酥脆，多汁美味

适合搭配能与蒜和酱油的风味相抗衡的中质到浓质白葡萄酒。

推荐葡萄酒

霞多丽、长相思、维欧尼、淡质桃红葡萄酒等

炖猪肉

色	深邃而泛着光泽的褐色
温	温热
味	多汁有嚼劲

风味浓郁而有嚼劲的炖猪肉适合搭配风味同样浓郁的浓质桃红葡萄酒和中质红葡萄酒。

推荐葡萄酒

浓质桃红葡萄酒、桑娇维塞等

味噌煮鲭鱼

色	味噌的褐色
温	温热
味	脂肪肥美的鲭鱼用味噌炖煮出浓郁的风味

糖和味噌烹调出的浓郁风味适合搭配甘甜强势的浓质桃红葡萄酒和中质红葡萄酒。

推荐葡萄酒

浓质桃红葡萄酒、赤霞珠、西拉等

寿喜烧

热气腾腾！

色	整体呈现深褐色
温	高温（热）
味	牛肉鲜美，汤汁酸甜，混合柔滑蛋液的浓厚风味。

风味浓郁的寿喜烧搭配浓质红葡萄酒，可以进一步突出牛肉的鲜美。如果在蛋液里加入黑胡椒，就更适合搭配红葡萄酒了。

推荐葡萄酒

赤霞珠、西拉、仙粉黛等

Column

起泡酒是万能选手！

与欢庆气氛关系紧密的起泡葡萄酒无论和、洋、中式料理都能搭配。一颗颗绽放的泡沫与香辛料搭配度极高，还可以用来搭配民族料理（注：多指东南亚、西亚、北非地区的料理）在餐厅用餐时，选择一瓶起泡酒就能从头喝到尾。不知道怎么搭配时就选起泡酒！不仅可以用来干杯，还能在休闲时享用。

Dish **2 酒肴**

"先上啤酒！"固然很好，但偶尔也想从葡萄酒开始。

毛豆配葡萄酒，烤鸡肉串配葡萄酒，连汤豆腐也能配葡萄酒，关键在于温度。冷菜配淡质，热菜配浓质，这样就万无一失了。

✓ 放到图表上看看吧!

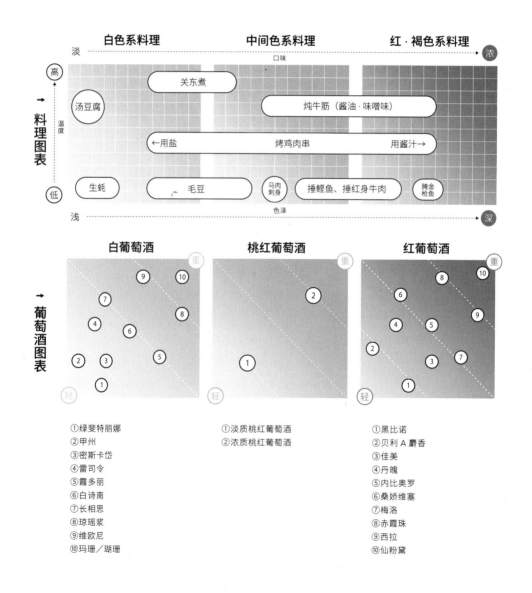

①绿斐特丽娜
②甲州
③密斯卡岱
④雷司令
⑤霞多丽
⑥白诗南
⑦长相思
⑧琼瑶浆
⑨维欧尼
⑩玛珊／瑚珊

①淡质桃红葡萄酒
②浓质桃红葡萄酒

①黑比诺
②贝利A麝香
③佳美
④丹魄
⑤内比奥罗
⑥桑娇维塞
⑦梅洛
⑧赤霞珠
⑨西拉
⑩仙粉黛

生蚝和葡萄酒，哪样都停不住口

生蚝

色	白
温	低
味	洒点柠檬汁调味能留住生蚝的鲜美

与淡质白葡萄酒最为相称。柠檬和葡萄酒的酸味让生蚝更加鲜美。

推荐葡萄酒

甲州、绿斐特丽娜、雷司令、霞多丽等

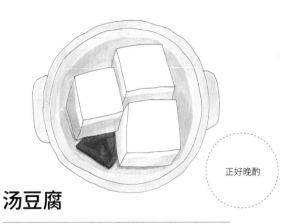

正好晚酌

汤豆腐

色	整体为白色
温	高温（热）
味	酱油高汤的清淡口味

这道料理虽然口味清淡，但温度很高，因此适合搭配淡质到中质的白葡萄酒。

推荐葡萄酒

雷司令、长相思等

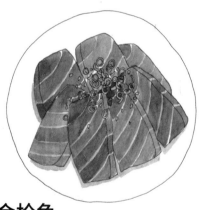

腌金枪鱼

色	深红色
温	低
味	蘸酱油口味清爽

腌金枪鱼的酸爽和酱油的强势风味与淡质到中质的红葡萄酒十分搭配。

推荐葡萄酒

贝利A麝香、佳美等

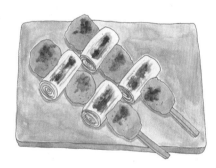

烤鸡肉串

用盐调味会怎么样？

色	酱汁的焦褐色
温	温热
味	甘甜酱汁的浓郁风味

偏甜的酱汁最适合搭配中质到浓质的红葡萄酒。若用盐调味，则适合搭配风味醇美的白葡萄酒和桃红葡萄酒。

推荐葡萄酒

酱汁调味：丹魄、梅洛、西拉等
盐调味：霞多丽、琼瑶浆、桃红葡萄酒等

Dish **3 简餐**

意面和咖喱搭配葡萄酒。让料理美味翻倍!

根据风味不同,搭配的葡萄酒也会不同。
首先记住,白色料理搭配白葡萄酒,用酱汁或
汤汁调味的深色料理搭配红葡萄酒。

☑ 放到图表上看看吧!

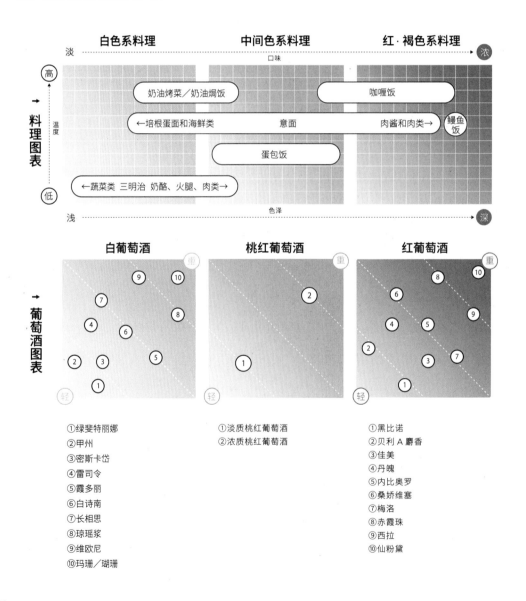

①绿斐特丽娜
②甲州
③密斯卡岱
④雷司令
⑤霞多丽
⑥白诗南
⑦长相思
⑧琼瑶浆
⑨维欧尼
⑩玛珊／瑚珊

①淡质桃红葡萄酒
②浓质桃红葡萄酒

①黑比诺
②贝利A麝香
③佳美
④丹魄
⑤内比奥罗
⑥桑娇维塞
⑦梅洛
⑧赤霞珠
⑨西拉
⑩仙粉黛

蔬菜配淡
质，火腿 &
奶酪配浓质

啊？咖喱和
葡萄酒？

三明治

（蔬菜三明治、肉类三明治）

色	整体偏白
温	低
味	蔬菜类清淡，奶酪和火腿类具有浓厚口味

黄瓜和番茄等蔬菜三明治搭配淡质白葡萄酒，奶酪和火腿、肉类除了白葡萄酒以外，还能搭配桃红葡萄酒。

推荐葡萄酒

> 蔬菜类：甲州、雷司令等；
> 奶酪、火腿、肉类：琼瑶浆、淡质桃红葡萄酒等

咖喱饭

色	整体呈现深褐色
温	高温（热）
味	香辛料的辛香

为突出咖喱的辛香，葡萄酒也推荐搭配让人联想到黑胡椒等香辛感觉的浓质红葡萄酒。

推荐葡萄酒

> 浓质桃红葡萄酒、赤霞珠、西拉等

根据酱汁不
同，搭配的
葡萄酒也不
同！

意面

培根蛋面

色	白—深奶油色
温	高温（热）
味	使用了大量奶酪的浓郁酱汁风味

推荐搭配能与浓郁酱汁相辅相成的浓质白葡萄酒。

推荐葡萄酒

> 霞多丽、维欧尼等

佩斯卡托里海鲜面

色	沉稳的红色
温	温热
味	浓缩了番茄的酸味和鱼贝类的鲜美

海鲜与番茄的浓厚酱汁适合搭配中质红葡萄酒。

推荐葡萄酒

> 桑娇维塞、赤霞珠等

鳗鱼饭

色	混有焦色的褐色
温	温热
味	鲜甜酱汁

浓郁多汁的鳗鱼饭适合搭配果味丰富而甜味较重的浓质红葡萄酒。

推荐葡萄酒

> 赤霞珠、西拉、仙粉黛等

Dish **4 民族料理**

葡萄酒也适合搭配辛辣料理吗?

色泽美丽的桃红葡萄酒给人一种细腻优雅的感觉，但它内敛的香气和强势的风味完全可以包容口味刺激的民族料理。

☑ 放到图表上看看吧!

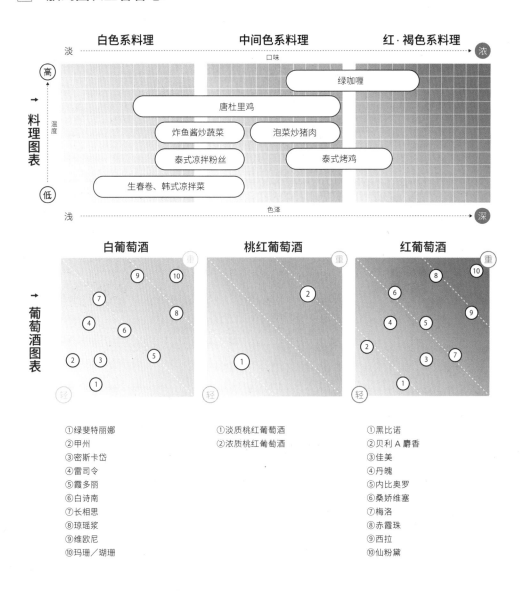

①绿斐特丽娜
②甲州
③密斯卡岱
④雷司令
⑤霞多丽
⑥白诗南
⑦长相思
⑧琼瑶浆
⑨维欧尼
⑩玛珊／瑚珊

①淡质桃红葡萄酒
②浓质桃红葡萄酒

①黑比诺
②贝利 A 麝香
③佳美
④丹魄
⑤内比奥罗
⑥桑娇维塞
⑦梅洛
⑧赤霞珠
⑨西拉
⑩仙粉黛

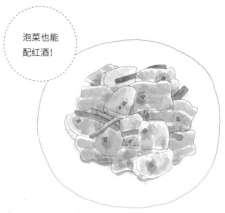

泡菜也能
配红酒！

生春卷

色	白，隐约可见馅料颜色
温	冷
味	浇汁的酸味和香草的清新味道

酸甜浇汁与醇美的白葡萄酒和桃红葡萄酒是绝配。

推荐葡萄酒

白诗南、淡质桃红葡萄酒

泡菜炒猪肉

色	泡菜炒出的浅红色
温	温热
味	泡菜和麻油的香辣口味

因为是辣味料理，适合口感爽利的浓质桃红葡萄酒。

推荐葡萄酒

浓质桃红葡萄酒等

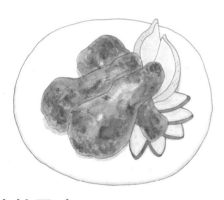

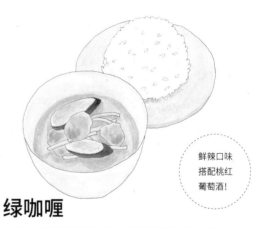

鲜辣口味
搭配桃红
葡萄酒！

唐杜里鸡

色	香辛料的红色
温	温热
味	香辣多汁的味道

用香辛料调味的唐杜里鸡，可以搭配味觉上与之相匹配的中质白葡萄酒到浓质桃红葡萄酒。

推荐葡萄酒

霞多丽、长相思、桃红葡萄酒等

绿咖喱

色	淡绿色，椰奶色
温	热
味	青辣椒的辛辣和椰奶的香醇混合而成的口味

味道浓郁的料理一定要搭配浓质葡萄酒，所以要选择风味醇厚的种类。

推荐葡萄酒

浓质桃红葡萄酒、桑娇维塞、赤霞珠等

Dish 5 西餐

> 吃西餐就想喝葡萄酒，喝葡萄酒就想吃西餐……

肉饼和可乐饼的味道最适合下酒。多汁的肉和葡萄酒的果味匹配度惊人，二者可谓是最佳伴侣。

☑ 放到图表上看看吧!

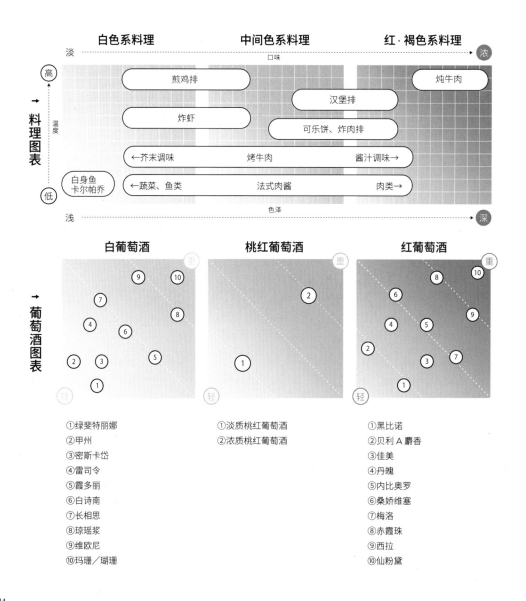

①绿斐特丽娜
②甲州
③密斯卡岱
④雷司令
⑤霞多丽
⑥白诗南
⑦长相思
⑧琼瑶浆
⑨维欧尼
⑩玛珊／瑚珊

①淡质桃红葡萄酒
②浓质桃红葡萄酒

①黑比诺
②贝利A麝香
③佳美
④丹魄
⑤内比奥罗
⑥桑娇维塞
⑦梅洛
⑧赤霞珠
⑨西拉
⑩仙粉黛

白身鱼卡尔帕乔

色	整体呈白色
温	低温
味	使用盐、胡椒和橄榄油简单调味

爽口的前菜比较适合搭配淡质白葡萄酒。

推荐葡萄酒

甲州、雷司令、霞多丽等

法式肉酱

色	柔和的粉色
温	低
味	浓缩了肉味精华的味道

虽然风味浓郁，但作为冷餐更适合搭配冰镇的桃红葡萄酒和淡质红葡萄酒。若材料用的是蔬菜和鱼类，则搭配浓质白葡萄酒。

推荐葡萄酒

桃红葡萄酒，黑比诺等

葡萄酒停不下来！

烤牛肉

色	偏红的粉色
温	常温—温热
味	用盐和胡椒简单调味

浓缩了鲜美滋味的烤牛肉适合搭配风味醇厚的桃红葡萄酒。根据调味料的不同，搭配的葡萄酒也不同。

推荐葡萄酒

芥末调味：霞多丽、白诗南、淡质桃红葡萄酒等
酱汁调味：浓质桃红葡萄酒、黑比诺、丹魄等

用芥末和酱汁调味可搭配的葡萄酒不同

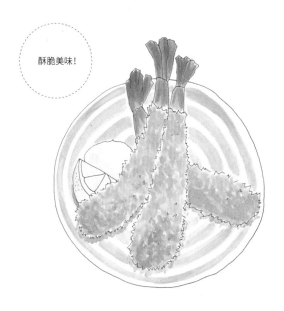

酥脆美味!

炸虾

色	虾身白色，面衣是焦脆的金黄色
温	高温（热）
味	盐和柠檬的清爽口味

虾具有独特的风味和鲜美，适合搭配同样醇美的中质到浓质白葡萄酒—桃红葡萄酒。

推荐葡萄酒

> 霞多丽、长相思、淡质桃红葡萄酒等

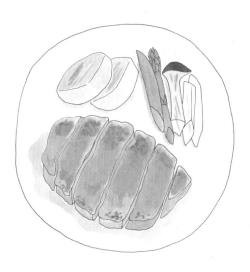

煎鸡排 奶油酱

色	焦黄色的鸡肉和白色奶油酱
温	高温（热）
味	味道浓郁的酱汁味

多汁的鸡肉和浓郁的酱汁与浓质白葡萄酒—桃红葡萄酒是最佳搭配。

推荐葡萄酒

> 维欧尼、淡质桃红葡萄酒等

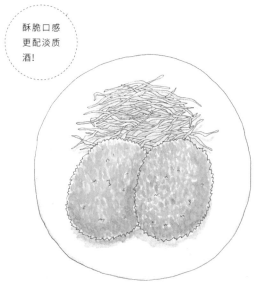

酥脆口感更配淡质酒!

可乐饼

色	金黄色面衣
温	高温（热）
味	香脆的面衣包裹多汁的肉馅

口味鲜美的可乐饼适合搭配冰镇的酸爽桃红葡萄酒和浓质红葡萄酒。

推荐葡萄酒

> 浓质桃红葡萄酒、梅洛、赤霞珠等

汉堡排

色	牛肉红色，酱汁褐色
温	高温
味	多汁的牛肉和半冰沙司的浓郁滋味

味道浓郁的料理与香味浓郁而偏甜的桃红葡萄酒和浓质红葡萄酒较为搭配。

推荐葡萄酒

浓质桃红葡萄酒、梅洛、赤霞珠等

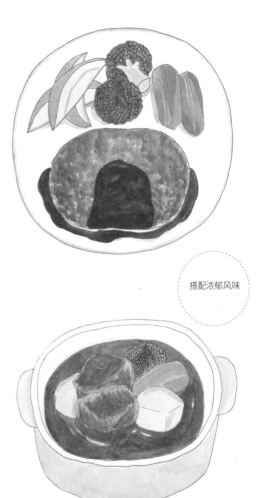

搭配浓郁风味

炖牛肉

色	深褐色
温	高温
味	半冰沙司的浓郁滋味

浓缩了牛肉的鲜美和黄油醇厚的风味，要搭配同样风格、果香馥郁的红葡萄酒。

推荐葡萄酒

赤霞珠、西拉、仙粉黛等

Column

如何用手边的葡萄酒搭配料理？

用现有的葡萄酒搭配料理时，参考图表来调节料理的温度和风味是比较高级的技巧。为了搭配较为浓质的葡萄酒，可以稍微升高料理温度，或者加重调味、添加香辛料等，只要理解了法则，就能自由掌握。

麻婆豆腐要怎么配葡萄酒?

根据地域不同,中餐的风味也会不一样。口味相对温和的料理搭配轻质葡萄酒,使用了豆瓣酱和蚝油的浓郁口味料理可以搭配浓质葡萄酒。

☑ **放到图表上看看吧!**

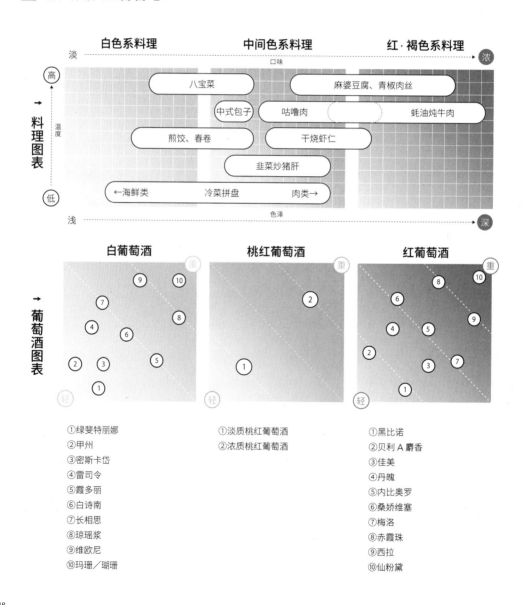

①绿斐特丽娜
②甲州
③密斯卡岱
④雷司令
⑤霞多丽
⑥白诗南
⑦长相思
⑧琼瑶浆
⑨维欧尼
⑩玛珊／瑚珊

①淡质桃红葡萄酒
②浓质桃红葡萄酒

①黑比诺
②贝利A麝香
③佳美
④丹魄
⑤内比奥罗
⑥桑娇维塞
⑦梅洛
⑧赤霞珠
⑨西拉
⑩仙粉黛

冷菜拼盘

色		根据食材不同，色彩鲜艳多变
温		低
味		醋、麻油、辣椒等酸爽风味

若是以简单调味的海鲜类食材为主，则搭配充分冰镇的淡质白葡萄酒，若以肉类为主，用桃红葡萄酒搭配最妙。

推荐葡萄酒

> 海鲜类：甲州、霞多丽等
> 肉类：桃红葡萄酒

汇聚各种口感的美味

煎饺

色		褐色
温		高温（热）
味		焦香多汁

香脆多汁的煎饺适合搭配风味不会被大蒜和姜蓉盖过的、较为浓醇的白葡萄酒—淡质桃红葡萄酒。

推荐葡萄酒

> 霞多丽、长相思、维欧尼、淡质桃红葡萄酒等

与香脆口感最搭配的酸味和醇味

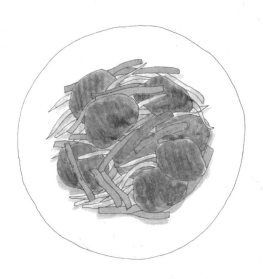

韭菜炒猪肝

色		褐色猪肝和绿色韭菜
温		温热
味		猪肝的独特风味和酱油的咸鲜

味道和香气都个性十足的猪肝适合搭配酸爽的桃红葡萄酒。

推荐葡萄酒

> 桃红葡萄酒等

酸甜口味
就要搭配
酸味！

咕噜肉

色	酱油和黑醋的褐色	
温	温热	
味	酸甜	

酸酸甜甜的咕噜肉与酸味强烈的葡萄酒相辅相成，令料理和酒的风味都更上一层楼。

推荐葡萄酒

> 浓质桃红葡萄酒、佳美、桑娇维塞、梅洛等

干烧虾仁

色	番茄酱的橙红色	
温	温热	
味	豆瓣酱的辛辣与虾仁的鲜甜	

虾仁的浓郁鲜美和豆瓣酱的辛辣融为一体的干烧虾仁，最适合搭配桃红葡萄酒—中质红葡萄酒。

推荐葡萄酒

> 浓质桃红葡萄酒、桑娇维塞等

搭配色彩！

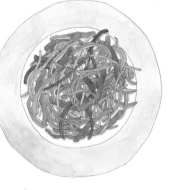

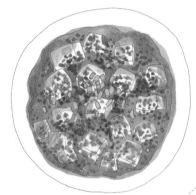

青椒肉丝

色	褐色和绿色	
温	高温（热）	
味	豆瓣酱调出的辛辣风味	

两种对比强烈的颜色适合搭配桃红葡萄酒和红葡萄酒。以浓质葡萄酒来衬托辣味。

推荐葡萄酒

> 浓质桃红葡萄酒、桑娇维塞、梅洛、赤霞珠等

麻婆豆腐

不输辣味的
浓醇风味

色	有光泽的深红色	
温	高温（热）	
味	豆瓣酱和花椒的麻辣风味	

豆瓣酱和花椒的麻辣风味可以尝试搭配果味浓郁的浓质桃红葡萄酒和浓质红葡萄酒。

推荐葡萄酒

> 浓质桃红葡萄酒、梅洛、赤霞珠、西拉、仙粉黛等

学习葡萄酒

关于酒杯，关于温度，关于存放……

葡萄酒就像一种任性的生物。它会根据容器和温度改变香气和风味。这一章，侍酒师将
会教授我们存放葡萄酒，以及让葡萄酒变得更美味的诀窍。

杯子改变葡萄酒！

基本款酒杯的关注重点

葡萄酒会因为酒杯而发生香气和风味的变化。为了让葡萄酒更美味，酒杯的选择也十分重要。首先请尝试用基本款的酒杯来品尝。

**先看看这样
一款酒杯**

注意！
精巧纤薄是基本

酒杯越薄，触感就越温和，饮用时葡萄酒会非常自然地滑入口中。

注意！
通透的杯身

虽然也有染色和带花纹的酒杯，但为了观察葡萄酒的色泽和熟成度，更推荐无色通透的酒杯。

注意！
圆润的形状

杯身部分会对所盛葡萄酒的香气造成影响。为了让香气充分散发出来，选择杯身形状较为圆润的酒杯最合适。

注意！
细长的杯脚

杯脚的长度多种多样。休闲饮用时可选择杯脚较短的酒杯。宴会干杯时，细长的杯脚看起来更优雅，更能衬托氛围！

Column

一石二鸟的酒杯，让乐趣倍增！

我们能看到商店里销售各种各样的杯子。
有的杯子分类细致，有特定的用途和场合；有
的杯子则既能用来喝茶也能喝啤酒，集多种用
途于一身，方便收纳，还能随意拿到户外使用。

还能喝水喝茶！

这种是无脚葡萄酒杯。不仅方
便收纳，还能兼作水杯茶杯，
适合日常使用。
高 108mm [Riedel · 雷司令／
长相思]（リ）

也能用来喝啤酒

杯脚较短，体型较小的酒杯。
杯身超薄，不仅能用来喝葡萄
酒，还能让啤酒也散发出浓郁
酒香。
高 170mm [Sava 15oz 啤酒／
葡萄酒]（木）

不会摔碎！

乍一看跟基本款酒杯并没有两
样，但材质却是最新的合成树
脂。重量轻且不会被摔碎。最
适合户外使用。
高 193mm [Tritan™ 材质葡萄
酒杯]（アム）

可叠放收纳

跟宝特瓶的材质一样

用轻便结实的材料制成的酒
杯。杯身有方便把持的凹陷。
适合户外和旅行使用。
高 94mm [歌维诺（白葡萄酒
杯)]（g）

杯脚可拆卸

杯脚可拆卸，同时可用作水杯。
将杯脚放入杯中，就能叠放收
纳。不易破碎的塑料制酒杯。
高 156mm（收纳高度 86mm）
[两用杯]（キ）

侍酒师亲传! 不弯曲! 不折断!

百试不爽的开瓶法

市面上有各种开瓶工具, 若能用海马刀开瓶······一定会被人大赞: "太帅了!" 只要记住诀窍, 操作其实非常简单。

海马刀

把手

锯齿刀

卡扣

钻头

① 拆开胶帽

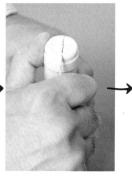

1 用拇指按住瓶口, 用锯齿刀从另一侧切入胶帽的中间位置。

2 持刀手撤回, 用拇指按住锯齿刀, 从这一侧再次切入胶帽, 然后保持姿势, 转动一圈。

3 把胶帽顶端切开, 切口与刚才的两个横向切口相连。

4 用锯齿刀尖端沿切线分开胶帽, 将其去除。

还有这些简单工具

香槟用它来开! ⇒

只需用开瓶器夹住瓶塞, 并抬起手柄即可。绝对不会出现瓶塞崩到天花板上的情况! [Salute 香槟开瓶器] (グ)

联动操作 ⇒

固定在瓶口, 操作顶部把手拧动钻头······这时就会发现两边的把手翘起来了。只要一口气把它们压下来, 就能拔掉瓶塞。[蝶形开瓶器] (グ)

② 拔除瓶塞

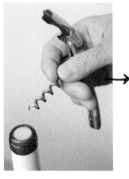

1　收起锯齿刀，竖握刀身。此时钻头尖端应该是朝下的，将钻头对准瓶塞中央按下去。

2　横过酒刀，用拇指按住钻头尖端，将酒刀旋入瓶塞。

3　用卡扣卡住瓶口，以卡扣为支点抬起把手，拔起瓶塞。

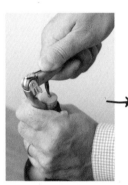

4　左手按住卡扣和瓶口，继续抬起把手。

5　轻轻晃动瓶塞，将其拔出来。

Perfect!

只需上下拨动把手　⇒

固定好开瓶器后，只需上下拨动把手即可开启。内附胶帽刀。[乐利斯开瓶器]（グ）

转转就开了　⇒

将钻头刺入瓶塞，一直旋转就能将瓶塞拔出。百试不爽。[Trilogy 餐桌工具套装 GS200]（ル）

3

葡萄酒"绽放"！？

让葡萄酒更美味的窍门

当葡萄酒太涩太浓，或香气不怎么强的时候，一些小诀窍能让它绽放出惊人的美味！自己选的葡萄酒，当然要畅享到最后。

摇晃酒瓶使酒液充分接触空气，这样就能让葡萄酒绽放出真正的香气和风味。

Technique

① 摇晃酒瓶

喝了一口感觉跟想象中的味道不一样，心中产生疑惑，真的是这种味道吗？这种时候，只要按住瓶塞，上下用力摇晃 2—3 次（见图）。你可能会想，这样真的没问题吗？只要再倒一杯，看看香气和味道的变化就好。可能你手中酒的风味已经与刚才截然不同……每次倒酒之前都晃一晃，品味风味变化，这是只有在家饮用葡萄酒时才能做到的。不过摇晃长期熟成的葡萄酒会让沉淀物浮起，请一定不要这么做。

加大酒液与空气的接触面积，诀窍在于将葡萄酒沿着醒酒器侧壁缓缓注入。

Technique

② 倒入醒酒器
换瓶醒酒

可以先注入 Carafe 或 Decanter 中，稍后再饮用。这与摇晃酒瓶一样，是为了让葡萄酒接触空气，充分绽放出香气和风味。另外，对熟成型的葡萄酒，使用 Decanter 还能去除沉淀物。使用醒酒器不仅能加深酒的风味，看上去也赏心悦目。经常有人认为，需要倒入醒酒器的葡萄酒都是高级货，但其实它只是让红酒更美味的诀窍之一，可以随意尝试！

Study **4** 葡萄酒其实很"娇气"

葡萄酒的简单保存法

我们长时间待在炎热或日照强烈的地方都
会精神萎靡，对葡萄酒来说也一样。所以
还是选个能让葡萄酒舒心的地方保存吧。

保存术

① 保存的铁则是"阴暗、凉爽、恒温"

关于葡萄酒的烦恼，最常见的一条就
是保存方法。将葡萄酒保存在酒窖中自然
是最好的，若是家庭日常饮用的葡萄酒，
只要放在没有阳光直射，温度变化不大的
凉爽地方即可。但是，盛夏时节室内温度
也会升高不少，因此最好只买当天能喝完
的分量，或者暂时存放在冰箱冷藏室里。

保存术

② 喝剩下的葡萄酒要活用保鲜膜保存

裹上保鲜膜减小摩擦力，更
方便塞进瓶口。也不用担心
瓶塞掉渣。

常有人说葡萄酒最好开瓶后当天喝完，
其实放上一个礼拜还是没什么问题的。因
为有的葡萄酒要开瓶两三天后才进入最好
喝的状态，只有在家饮用葡萄酒才能体会
到每天风味变化的乐趣。保存时先用保鲜
膜包住拔下来的瓶塞（图1），再塞进瓶口
（图2）。然后务必要放进冰箱冷藏室。可
以直立保存在冰箱门的隔层里，并在一周
内饮用完毕。

Study

5

会让风味大不同！

了解葡萄酒的"最佳温度"！

只要知道保存在冰箱冷藏室的时间，就能完美把握葡萄酒的温度。

要让葡萄酒更美味，把握好葡萄酒的最佳温度，或知道自己最喜欢的温度非常重要。只要大致记住五个温度带，就能让家饮葡萄酒更完美。冬天室内温度降低，葡萄酒在酒杯中升温的速度也会更慢，可以把表中温度相对提高 2℃—3℃。白葡萄酒和起泡葡萄酒在开瓶两个半小时前放入冷藏室，就能得到最佳饮用温度。

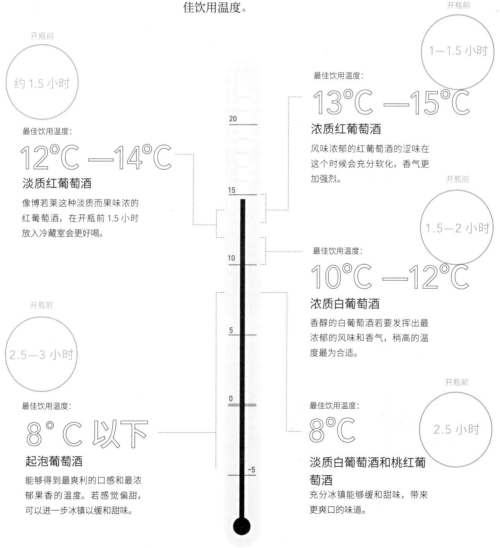

开瓶前
1—1.5 小时

最佳饮用温度：
13℃ —15℃
浓质红葡萄酒
风味浓郁的红葡萄酒的涩味在这个时候会充分软化，香气更加强烈。

开瓶前
约 1.5 小时

最佳饮用温度：
12℃ —14℃
淡质红葡萄酒
像博若莱这种淡质而果味浓的红葡萄酒，在开瓶前 1.5 小时放入冷藏室会更好喝。

开瓶前
1.5—2 小时

最佳饮用温度：
10℃ —12℃
浓质白葡萄酒
香醇的白葡萄酒若要发挥出最浓郁的风味和香气，稍高的温度最为合适。

开瓶前
2.5—3 小时

最佳饮用温度：
8℃ 以下
起泡葡萄酒
能够得到最爽利的口感和最浓郁果香的温度。若感觉偏甜，可以进一步冰镇以缓和甜味。

开瓶前
2.5 小时

最佳饮用温度：
8℃
淡质白葡萄酒和桃红葡萄酒
充分冰镇能够缓和甜味，带来更爽口的味道。

20

15

10

5

0

-5

* 表中时间为室温 28℃时放入普通冰箱冷藏室（4℃左右）的参考时间。

简单快捷的杀手锏!

葡萄酒急速冷却法!

有时候，由于"想喝葡萄酒，可是还没冰镇""忘记把酒会用的葡萄酒放进冰箱了"等种种原因，导致饮用前葡萄酒并没有达到最佳饮用温度……此时就需要用到急速冷却法。只要有冰块和盐，无论是谁都能掌握。

①将葡萄酒放入盛有冰块的冰桶（较深的锅也可以），加入少量水加速冰块融化。

②加入三撮盐，再注入一些水使冰块进一步融化。加盐可以提高冰块吸收热量的效率，让温度下降更快。

Perfect!

③继续加水，直到没过半个冰桶。

④转动酒瓶，让葡萄酒充分冷却。只要转上 2—3 分钟温度就差不多了。

Column

还有这样的工具哦

多人聚会上大显身手!

这是我的杯子!

[醒酒器]

将葡萄酒沿侧面缓缓注入醒酒器。因为增加了酒液接触空气的面积,能够快速醒酒。[menu 葡萄酒醒酒器]（ラ）

[香槟塞]

兼具倒酒器功能的瓶塞。因为有卡扣密封固定,能够长时间保持酒的起泡性。[Color 香槟塞 & 倒酒器]（グ）

[杯贴]

若满桌都是同样的酒杯,经常会分不清哪个是自己的。只要有了这一套杯贴便能一目了然（吸盘式）。[Vacuvin 杯贴]（ジ）

马上就能变凉!

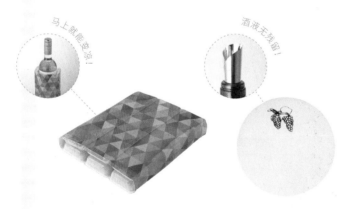

酒液无残留!

[葡萄酒冷却·保温包]

事先放进冰箱冷冻柜冷冻,之后包在酒瓶上就能冰镇葡萄酒了。就算家里突然来客人,也能用最佳温度的葡萄酒来招待![Vacuvin 钻石花纹快冰包（葡萄酒瓶用）]（ジ）

[倒酒片]

只要卷起来插入瓶口即可。这样倒出来的酒液不易残留在瓶口,线条优美。[乐普倒酒片]（グ）

[保温包]

能够保持冰镇葡萄酒的温度,方便携带葡萄酒。使用了用来制作潜水服的氯丁橡胶,能够长久保持葡萄酒温度。[酒瓶便携包]（アン）

* 圆括号内字符对应卷末协助摄影·咨询方式信息。

酒肴菜谱 & 最下酒的家常菜

CHAPTER

4

葡萄酒之趣

葡萄酒 × ［ ？ ］

日常料理＋α，就能摇身一变，成为最下酒的菜肴！本章将为你介绍 5 分钟就能做好的快手酒肴和饭菜，让你在繁忙的时候、正好想喝酒的时候，也能享受到葡萄酒的乐趣。同时提供大量家饮葡萄酒的小窍门。

白葡萄酒 × ⬚ ? ⬚ 的法则

白葡萄酒能够突出食材风味，与料理搭配度极高。只要
根据葡萄酒的酸味、香气和风味来选择食材，就能万无
一失地搭配料理。

淡质白葡萄酒 × 橄榄油 ＝ 缓和酸味

搭配密斯卡岱等酸味丰富的淡质白葡萄
酒，只要在料理完成前洒一点橄榄油，
就能让料理口味更加柔和，更好地与葡
萄酒相呼应。

中质白葡萄酒 × 坚果 ＝ 爽脆口感

像长相思这种不太酸也不太甜的白葡萄
酒，与坚果的风味最为合拍。爽脆口感
能让味蕾更敏锐地捕捉到葡萄酒的风味。

浓质白葡萄酒 × 奶酪 ＝ 当然也想直接吃啦

维欧尼和玛珊这些果味充盈、酒体饱满
的白葡萄酒与醇香的奶酪匹配度极高。
因为葡萄酒余韵悠长，也很适合搭配温
热奶酪的柔滑口感。

* 动手做做看！酒肴菜谱⇨ P66，家常菜⇨ P74

红葡萄酒 × [?] 的法则

随着红葡萄酒风味和香气的强度增加，把调味料也一点点换成余韵更持久的种类，让饮用葡萄酒的乐趣更丰富。

淡质红葡萄酒 × [橙醋] = **酸味相辅相成**

黑比诺和贝利 A 麝香等酸味较轻的红葡萄酒与添加了清爽橙醋的料理十分搭调。橙醋的微酸能够突出葡萄酒的风味。此外，橙醋的色泽淡、余韵短也与淡质红葡萄酒相通，在口中能够彼此相辅相成。

中质红葡萄酒 × [酱油] = **让所有风味融为一体的最佳配角**

桑娇维塞等果实味丰富的中质红葡萄酒与酱油调味的料理特别相称。酿造时间长、鲜味强的酱油，拥有凝聚多种风味的力量，与波特酒这种混酿葡萄酒搭配也十分合适。

浓质红葡萄酒 × [甜面酱] = **鲜甜味美**

赤霞珠、西拉等果实甜度与酒精浓度都很高的红葡萄酒推荐用甜面酱搭配。余韵悠长的葡萄酒与以风味浓郁的甜面酱调味的温热料理十分合得来。

* 动手做做看！酒肴菜谱⇨ P68，家常菜⇨ P76

桃红葡萄酒 × 　?　 的法则

桃红葡萄酒不问种类，可以搭配任何料理，是非常合适在家饮用的葡萄酒。只要在料理中稍加调味，就能让两者味道更为和谐。

淡质桃红葡萄酒 × 酸梅 ＝ 香气和谐!

淡质桃红葡萄酒以类似梅子的香气为特征。在料理中添加一些酸味较重、同属梅系的酸梅，就能完美平衡料理与葡萄酒的风味。

浓质桃红葡萄酒 × 浆果 ＝ 果酱也可以吗?

浓质桃红葡萄酒带有浆果的甘甜，与用浆果类水果熬煮而成的浆果糊最配。浆果 × 浆果能够调出更加深邃的风味。

浆果糊制法

覆盆子（冷冻／新鲜皆可）：100g
蔗糖（用精白糖亦可）：20g
柠檬汁：1—2 大勺

将覆盆子与蔗糖倒入锅中，一边熬煮一边撇去浮沫。煮到一定黏稠度后关火，加入柠檬汁搅拌。做好的浆果糊可以配早餐酸奶，也可以作为肉类主菜的酱料！这样你拿手的料理种类一下就多了不少。

* 动手做做看! 酒肴菜谱⇨ P70，家常菜⇨ P78

起泡葡萄酒 × [?] 的法则

起泡葡萄酒与桃红葡萄酒一样，是很好搭配料理的优等生。推荐搭配用胡椒调味的菜品。起泡葡萄酒的绵密泡沫与胡椒粒互相交融，让美味在味蕾上蔓延。

淡质起泡葡萄酒 × 白胡椒 = **温和辛香**

淡质起泡葡萄酒的酸味和醇味都较为柔和。与香味和辛辣味同样柔和的白胡椒十分相称。

浓质起泡葡萄酒 × 黑胡椒 = **辛辣刺激**

浓质起泡葡萄酒与口味同样辛辣刺激的黑胡椒是最佳搭档。

*动手做看看！酒肴菜谱⇨ P72，家常菜⇨ P79

白葡萄酒酒肴菜谱

WHITE WINE RECIPES

淡质白葡萄酒	×	橄榄油

酸酸甜甜，
与淡质白葡萄酒绝配。

胗子嚼劲十足！

多彩沙拉

材料（1人份）

西洋菜：半把
梨*：1/4 个
无花果*：1/4 个
酸橘汁**：2 个榨汁
盐：1 撮
橄榄油：1 大勺

* 可用葡萄柚或桃子代
替。
** 可用柠檬或青柠 1 个
榨汁代替。

做法

1. 将西洋菜撕成 2—3 段。梨和无
花果去皮后切块，浇上榨好的
酸橘汁。
2. 将 1 摆盘，均匀淋上橄榄油。
撒盐，吃之前拌匀。

橄榄油拌胗子

材料（2人份）

胗子：8 个（160g）
柠檬：半个
酒：1 大勺
盐：半小勺
橄榄油：1 大勺
欧芹碎：适量

做法

1. 胗子用冷水洗净，切成薄片。
柠檬纵向切成两半，再横向切
成 1mm 厚的薄片。
2. 煮沸一锅水，加入少量酒和盐
（不包含在材料建议的分量中），
将 1 的胗子煮 5 分钟左右。捞
起煮好的胗子，滤去水分，用
冷水冲洗后吸干剩余水分。
3. 在大碗中盛入 2 的胗子和 1 的
柠檬，加入橄榄油和盐，用手
充分挤压。完成后装盘，撒上
欧芹。

Column

橄榄酱是什么？

这是一种发源于法国东南部普罗旺斯地区的橄榄酱料，是将黑橄榄、大
蒜、鳀鱼、香草等用橄榄油腌渍而成的糊状食材。可用来凉拌蔬菜和涂
抹面包，或作为肉和鱼类料理的酱料使用。

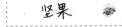

浓香奶酪也可搭配
浓质白葡萄酒！

坚果的口感
是点睛之笔。

番茄 × 坚果 & 橄榄酱

材料 (2 人份)

番茄：中等大小 1 个
什锦坚果：1 大勺冒尖
★ 橄榄酱 *：1 大勺冒尖
盐：1 撮
欧芹碎：适量

做法

1. 番茄纵向切成两半，再横向切成 5mm 薄片。什锦坚果粗粗碾碎。

2. 在容器中装入 1 的番茄，淋橄榄油。撒盐、坚果碎和橄榄酱。完成后撒上欧芹碎。

* 没有橄榄酱时，可将坚果炒香。

卡门培尔奶酪配坚果 & 枫糖浆

材料 (2 人份)

卡门培尔奶酪：1 个
什锦坚果：3 大勺
枫糖浆：5 大勺

做法

将奶酪八等分装盘，撒上坚果。坚果颗粒较大时，可用菜刀将其切碎。转圈淋上枫糖浆，拌着奶酪食用。

适当咸味让
葡萄酒更美味！

最爱奶酪。回味
无穷的美味！

鳀鱼烤吐司

材料 (2 人份)

法棍 (斜切薄片)：2—4 片
黄油：适量
鳀鱼 (片)：2 片
奶酪粉：适量
橄榄油：适量

做法

1. 在面包片上涂抹足量黄油。

2. 在 1 表面放上大小适中的鳀鱼片，撒奶酪粉。用烤面包机烘烤约 2 分钟，完成后淋上橄榄油。

奶酪烤茄子

材料 (2 人份)

茄子 (大)：1 个
橄榄油：1 大勺
盐：少许
比萨用奶酪：25g
白葡萄酒：1 小勺
欧芹碎：适量

做法

1. 将整个茄子切成 5cm 厚的圆片。

2. 煎锅中火加热橄榄油，将 1 的茄子两面煎至变色，转小火让内部熟透。

3. 撒盐，放奶酪，浇葡萄酒。盖上盖子焖煎至奶酪融化。装盘后撒欧芹碎。

红葡萄酒酒肴菜谱

RED WINE RECIPES

中质红葡萄酒 × 酱油

推荐果实味丰富的红葡萄酒。

蒜蓉酱油炒虾仁、香菇和芦笋

材料（2 人份）

虾：4 只
鲜香菇（大）：1 个
绿芦笋：3 根
青紫苏碎：2 片
麻油：1 大勺半
蒜蓉酱油*：1 大勺

* 在酱油小碟中加入 4 瓣蒜蓉腌渍 1 小时制成。

做法

1. 虾开背，用厨房纸吸干多余水分。香菇去蒂，切成 4 块。芦笋去尾，切成 2—3 等份。
2. 煎锅中火加热麻油，炒香虾仁，变色后加入芦笋和香菇，翻炒 3—4 分钟。
3. 转圈淋上蒜蓉酱油，充分搅拌后装盘，撒紫苏碎。

酱油的鲜美与葡萄酒很搭！

姜蓉酱油淋香菇

材料（2 人份）

鲜香菇（大）：2 个
生姜（姜蓉）：1 小勺
酱油：2 小勺

做法

1. 香菇去蒂，用烤面包机烘烤 3—4 分钟，烤出香味。
2. 姜蓉点缀，浇酱油。

Column

甜面酱是什么? 中餐中使用的甜味噌。常用于烹调回锅肉和麻婆豆腐等菜式。因为可直接食用，也可以用作北京烤鸭的蘸酱。

用橙醋调味，
完美的葡萄酒肴！

只需用煎锅
煎一下！

姜蓉橙醋炸鱼饼

材料（2 人份）

炸鱼饼：2 块
生姜（姜蓉）：2 小勺
橙醋：1 大勺

做法

1. 用蚝油煎香炸鱼饼。
2. 把 1 切成方便入口的大小，点缀姜蓉，淋橙醋。

橙醋淋香煎洋葱

材料（1 人份）

洋葱：半个
黄油：1 大勺
橙醋：1 大勺
橄榄油：适量

做法

1. 沿着与纤维垂直的方向将洋葱切成 1cm 厚的圆片。
2. 煎锅中火加热橄榄油，把 1 煎至略透明。
3. 点缀黄油，淋橙醋。

甜面酱
与鲜味能让风
味更浓郁。

温泉蛋 + 甜面酱
超好吃！

蛋黄甜面酱蘸蔬菜棒

材料（方便制作的分量）

黄瓜：半根
胡萝卜：1/3 根
芹菜：半根
小萝卜：半个
✳ 甜面酱：1 小勺
蛋黄酱：1 大勺
生奶油：1 大勺

做法

1. 黄瓜、胡萝卜、芹菜切成条状，小萝卜纵向切成两半。
2. 把甜面酱、蛋黄酱与生奶油充分混合搅匀。
3. 将 1 的蔬菜装盘，附上装有 2 的小料碟。

培根盖温泉蛋

材料（1 人份）

温泉蛋（零售）：1 个
培根：半片
✳ 甜面酱：半小勺

做法

1. 将鸡蛋打入耐热器皿中，盖上培根，放入烤箱烘烤 2—3 分钟出香味。
2. 最后淋上甜面酱。

桃红葡萄酒酒肴菜谱

ROSÉ WINE RECIPES

淡质桃红葡萄酒	×	酸梅

酸梅的鲜味和酸味让味道层次丰富。

梅子风味炒莲藕

材料（1—2 人份）

莲藕：150g
酸梅肉：1 大勺
酒：1 大勺半
橄榄油：适量

做法

1. 莲藕去皮，滚刀切成一口大小，倒入淡醋水（不包含在材料中）浸泡。酸梅肉加酒拌开。
2. 煎锅中火加热橄榄油，加入吸干多余水分的藕块翻炒3—4 分钟。最后加入 1 的酸梅肉，充分混合。

三文鱼梅子萝卜卷

材料（1 人份）

三文鱼（刺身）：3 片
甜醋腌萝卜（零售）：3 片
青紫苏：1 片半
酸梅肉：半小勺

做法

1. 将腌萝卜切成 8cm×4cm 左右的长方形。青紫苏分成两等份。
2. 用 1 的腌萝卜把青紫苏、三文鱼、酸梅肉卷起来。

三文鱼的鲜美、白萝卜的甘甜，在酸梅的点缀下完美融合。

| 浓质桃红葡萄酒 | × | 浆果 | |

酸甜酱料突出葡萄酒风味。

虾仁、奶酪、无花果、浆果酱配面包片

材料（2 份）

虾（小）：2 只
无花果＊：1/4 个
法棍（斜切）：2 片
奶油乳酪：适量
浆果糊＊＊：2 小勺
莳萝：适量

＊ 可用梨子或柿子代替。
＊＊ 可用浆果酱代替。

做法

1. 虾开背，过沸水。无花果分成半月形两等份。
2. 法棍片上涂抹足量奶油乳酪，用烤箱烤 2 分钟左右。放上虾仁和无花果，点缀浆果糊，如果有莳萝也可以放一点。

奶酪的咸味与果酱的甘甜最搭配。

炸卡门培尔奶酪配果酱

材料（4 份）

卡门培尔奶酪：半个
小麦粉：适量
蛋液：适量
面包糠：适量
橄榄油：适量
浆果糊＊：1 大勺
薄荷叶：适量

＊浆果糊可用浆果酱代替。

做法

1. 卡门培尔奶酪切成扇形四等份，依次蘸小麦粉、蛋液、面包糠。
2. 煎锅倒入 2cm 深橄榄油，加热到 180℃左右，将 1 逐面炸至金黄。
3. 装盘，添加浆果糊，装饰薄荷叶。

浆果糊制法参见 P64

起泡葡萄酒酒肴菜谱

SPARKLING WINE RECIPES

淡质起泡葡萄酒 × 白 胡 椒

辛香味道与气泡搭配绝妙。

足量胡椒的腌菜拼盘

材料（方便制作的分量）

自己喜欢的腌菜（黄瓜、胡萝卜、白萝卜等）：适量
白胡椒：适量

做法

将切成薄片的腌菜摆盘，撒白胡椒。胡椒分量根据个人喜好决定。

只用盐＆胡椒调味，就能做成一盘奢华酒肴！

白身鱼卡尔帕乔

材料（3—4人份）

白身鱼（刺身用／鲷鱼或比目鱼等）：1块
盐：半小勺
橄榄油：1大勺
白胡椒：适量
欧芹：适量

做法

1. 白身鱼切成薄片，撒盐。
2. 将1装盘，转圈淋橄榄油，撒白胡椒。胡椒分量根据个人喜好决定。完成后撒欧芹点缀。

胡椒粒增添风味。

浓质起泡葡萄酒 × 黑胡椒 ●

应季蔬菜蘸酸奶

材料（方便制作的分量）

原味酸奶（无糖）：250g
盐：半小勺
黄瓜：半根
胡萝卜：1/3 根
圣女果：3 颗
黑胡椒：适量
莳萝：适量

做法

1. 漏勺垫厨房纸，倒入酸奶，放置一晚滤除多余水分。

2. 在 1 的酸奶中加入盐，充分拌匀。黄瓜斜切成 5cm 长条，胡萝卜切成 5cm 棒状。

3. 将 2 的酸奶盛入小碟中，撒黑胡椒，有莳萝也可以点缀一些。然后与 2 的蔬菜和圣女果一起装盘。

烤蔬菜

材料（1 人份）

莲藕：50g
秋葵 *：2 根
茄子 *：半根
万愿寺青辣椒 **：1 根
橄榄油：1 大勺
盐：半小勺
黑胡椒：适量

* 秋葵和茄子可用芜菁、蘑菇、西蓝花等代替。
** 可用两根普通青辣椒代替。

做法

1. 莲藕去皮，滚刀切成一口大小。秋葵过沸水略煮，浸入冷水后滤除水分，去蒂。茄子在表皮刻几刀。

2. 用煎锅开中火加热橄榄油，放入 1 的蔬菜和万愿寺青辣椒煎熟，用盐调味，装盘。最后撒黑胡椒。

多撒黑胡椒！

搭配白葡萄酒的家常菜式

WHITE WINE "bistro menu"

简单的调味，却能
突出葡萄酒的爽口。
橘子的清香在口中
散开，平添了一层
风味。

淡质白葡萄酒	×	橄榄油

海鲜沙拉

材料（3—4 人份）

什锦海鲜
（冷冻，虾或蟹肉等）：200g
烫熟的章鱼须：1 根
番茄：1 个
甜椒（红、黄）：各 1 个
橘子：1 个
酒：1 大勺
盐：1 小勺
橄榄油：3 大勺
欧芹叶：适量

做法

1. 煮沸一锅水，加入酒、少量盐（不包含在材料内），倒入什锦海鲜煮 3 分钟左右。捞起滤去水分，放凉。章鱼须切成一口大小，番茄 16 等分，甜椒切成细条。

2. 橘子剥皮，去除橘络。用菜刀切开薄皮，取出果肉，榨出残留在薄皮上的果汁。

3. 将 1 和 2 的果肉装盘，撒盐，转圈淋橄榄油。食用前将 2 的果汁和欧芹撒上。

中质白葡萄酒	×	坚果

融入了坚果的香味
与鱼酱鲜味的猪肉
和冬瓜最适合配白
葡萄酒。

五花肉炒蔬菜

材料（1 人份）

猪五花肉
（1cm 厚）：130g
冬瓜＊：1/4 个（300g）
盐：半小勺
白葡萄酒：2 大勺
鱼酱：1 大勺
什锦坚果：2 大勺

＊ 冬瓜可用白萝卜或芜菁代替。

做法

1. 冬瓜去皮去籽，纵向切成 1cm 厚的薄片。

2. 煎锅用大火加热，不倒油，将切成一口大小的猪肉煎香。转中火，加入冬瓜和盐，再倒入白葡萄酒，盖锅盖。

3. 冬瓜变成略透明状态后开盖，转大火，转圈倒入鱼酱。大火能去除鱼酱腥味，保留鲜味。

4. 关火前倒入碾碎的什锦坚果，略搅拌后装盘。

清淡的鸡肉和香醇的奶酪完美
匹配，味道鲜美且回味无穷，
与白葡萄酒相辅相成。

奶酪炒鸡胸肉

材料（2 人份）

鸡胸肉：4 条
比萨用奶酪：40g
山药：8cm
盐：半小勺
小麦粉：1 大勺
橄榄油：1 大勺
白葡萄酒：2 大勺
欧芹叶：适量

做法

1. 鸡胸肉去除肉筋，纵向划几刀。两面撒盐，裹上奶酪，再裹小麦粉。山药去皮，切 2cm 厚圆片。

2. 煎锅中火加热橄榄油，放入 1 的鸡胸肉。变色后翻面，加入山药煎制。

3. 鸡胸肉两面煎至金黄后，倒入白葡萄酒，盖锅盖，转小火焖 3 分钟。

4. 收汁后开盖，转中火煎香。装盘，撒欧芹叶。

搭配红葡萄酒的家常菜式

RED WINE "bistro menu"

涮熟的猪肉片搭配
蔬菜和橙醋，好吃
又健康。酸甜风味
与淡质红葡萄酒最
相称。

淡质红葡萄酒	×	橙醋 ●

橙醋拌肉片沙拉

材料（2 人份）

猪肉（涮火锅用）：10 片
秋葵＊：2 根
莴苣叶：4 片
茗荷＊：2 个
青紫苏：2 片
生姜（姜蓉）：1 小勺
橙醋：2 大勺

＊秋葵可用白萝卜（萝
卜泥）代替，茗荷可用
芹菜等代替。

做法

1. 煮沸一锅水，焯一下秋葵。捞起秋
   葵放入冷水，去蒂，两等分。
2. 用同一锅水涮开肉片，烫 10—15 秒，
   捞起滤水。莴苣叶切去粗梗，茗荷
   切成薄片，青紫苏切碎。
3. 将 1 和 2 的肉片、蔬菜装盘，撒姜
   蓉。食用前淋橙醋，拌匀。

中质红葡萄酒	×	酱油 ●

酱油煎鸡肉

材料（1 人份）

鸡腿肉：1 块
盐、黑胡椒：适量
酱油：1 大勺
橄榄油：1 大勺
欧芹：2 根

做法

1. 将鸡肉解冻到室温，去除多余脂肪，
   均匀撒上盐和黑胡椒。
2. 煎锅中火加热橄榄油，将鸡腿肉带
   皮部分朝下放入，用炒勺一边按压
   一边煎制。
3. 鸡肉八成熟后翻面，转圈淋酱油，
   再煎 2—3 分钟入味。
4. 装盘，点缀欧芹。

焦香多汁的鸡肉、
醇香的酱油与熟成
恰到好处的红葡萄
酒绝配。

牛排配甜面酱

材料（2 人份）

牛肉（红肉）：250g
青椒：2 个
盐、黑胡椒：适量
甜面酱调料
    甜面酱：2 小勺
    红葡萄酒：2 小勺
    味醂：2 小勺
橄榄油：1 大勺

做法

1. 牛肉对半切开，解冻至室温，在表面均匀涂抹盐和黑胡椒。青椒纵向切成两半，去除膜和籽。将甜面酱调料拌匀。
2. 煎锅中火加热橄榄油，将牛肉每一面煎 3 分钟，直至两面焦黄，转小火，两面再各煎 1 分钟。
3. 将 2 的肉用铝箔包住，放在灶台附近温度较高处。再用同一个煎锅炒青椒。
4. 在容器中淋上 1 的甜面酱调料，再将 3 醒好的牛肉装盘，点缀青椒。

锁住鲜美味道的牛肉配上甘甜的甜面酱，让果味浓郁的红葡萄酒更加回味无穷。

搭配桃红葡萄酒的家常菜式

ROSÉ WINE "bistro menu"

金枪鱼的鲜美加上
梅子的清香和酸味，
让冰镇爽口的桃红
葡萄酒更美妙！

淡质桃红葡萄酒	×	酸梅

腌金枪鱼配梅子山药泥

材料（1 人份）

金枪鱼
（红身，刺身用）：50g
秋葵：2 根
山药：10cm
酸梅肉：2 小勺
酱油：适量
青紫苏碎：1 片量

做法

1. 金枪鱼用一大勺酱油腌 2—3 分钟。秋葵用开水焯一下，再用冷水冲洗，切成 5mm 厚的圆片。山药去皮捣成泥。酸梅肉用半小勺酱油兑开。
2. 将 1 的山药泥与酸梅肉混合起来。
3. 将 1 的金枪鱼装盘，放上切好的秋葵。倒入 2 的山药泥，撒青紫苏碎。

配上足量果酱和芥
子酱！酸酸甜甜的
味道让肉味更鲜美。

浓质桃红葡萄酒	×	浆果

香肠 & 培根配果酱

材料（2 人份）

香肠：2 根
火腿（厚切）：2 片
培根（厚切）：2 片
浆果糊*：1 大勺
芥子酱：适量
墨角兰（如果有）：1 根

做法

1. 煎锅中火加热，不放油，把香肠、火腿和培根两面煎至焦黄。
2. 装盘，配上浆果糊和芥子酱，点缀墨角兰。

* 浆果糊可用浆果酱代替。　　浆果糊制法参见 P64

搭配起泡葡萄酒的家常菜式

SPARKLING WINE "bistro menu"

| 淡质起泡葡萄酒 | × | 白胡椒 |

白胡椒柔和的辛辣和颗粒感能与起泡葡萄酒的气泡组成绝佳搭档!

水煮海鲜

材料（1 人份）

鲷鱼（鱼块）＊：1 块
圣女果：2 个
鲜香菇：1/4 个
盐、白胡椒：适量
起泡葡萄酒（白葡萄酒
亦可）：1 大勺
橄榄油：半大勺
墨角兰（如果有）：1 根

＊鲷鱼可以用比目鱼、剑
鱼等个人喜欢的白身鱼
代替。

做法

1. 在鲷鱼块两面均匀撒上盐和胡椒。圣女果切成两半，香菇去蒂，切成薄片。
2. 把鲷鱼放在烤箱用硅油纸上，加入圣女果和香菇。淋葡萄酒，放上墨角兰，从两侧叠起硅油纸包住鱼肉。
3. 烤箱预热到 180℃后放入材料，蒸烤 8—9 分钟。最后淋橄榄油，撒白胡椒。

| 浓质起泡葡萄酒 | × | 黑胡椒 |

黑胡椒牛排

材料（2 人份）

牛肉（红肉）：250g
盐、黑胡椒（粗磨）：
适量
莲藕（细）：10cm
秋葵：2 根
橄榄油：1 大勺

做法

1. 将牛肉解冻到室温，均匀涂抹盐和黑胡椒。莲藕滚刀切块，秋葵去蒂。
2. 煎锅中火加热橄榄油，将牛肉两面各煎 3 分钟至变色，转小火，再各煎 1 分钟。
3. 将 2 用铝箔包起，放在灶台附近温度较高的地方。再用同一个煎锅煎炒莲藕和秋葵。
4. 将 3 醒好的牛肉和蔬菜装盘。

黑胡椒的辛辣刺激与葡萄酒绵密的泡沫让口腔享受最美好的瞬间!

盐烤猪肉

"SHIOBUTA"

就能让葡萄酒会大获成功！

煎、煮、蒸……根据烹调方法，盐烤猪肉可以是酒肴，
可以是主菜，还可以是制胜法宝。就连葡萄酒会也能
靠它大获成功。首先，要提前一天用盐腌好猪肉。

		某个葡萄酒会的料理菜单

OTSUMAMI	酒肴	·熟肉酱 ·酸萝卜卷肉片
MAIN DISH	主菜	·搭配各种蔬菜的盐烤猪肉沙拉 ·盐烤猪肉配应季蔬菜
SHIME	主食	·乌冬
WINE	葡萄酒	葡萄酒会不必过多讲究！准备好各种起泡酒、白葡萄酒、桃红葡萄酒和红葡萄酒，让大家随心所欲地畅饮吧。

首先要提前一天用盐腌好两块猪肉

材料

猪肉（肩肉）：约600g—700g×2块
盐：3大勺

做法

1. 把盐均匀涂抹在整块猪肉上，一边涂一边揉搓令其渗透。

2. 将1的猪肉装入保鲜袋中继续揉搓，然后尽量挤出空气密封起来。在冰箱冷藏室静置一天使其入味。

一整块放进烤箱

盐分让猪肉完全锁住鲜美！让酒停不下来的美味。

主菜重在豪爽，直接用掉一整块猪肉。虽然要花点时间，但只需放进烤箱，烤制时可以去准备别的菜式。在把盐烤猪肉装盘时，切几块边角料下来还能做成沙拉！这样就完成两道菜了。

利用盐烤猪肉的边角料！

关键在于使用比较辛辣的调味汁。

盐烤猪肉配应季蔬菜

材料

腌猪肉（参照 P81）：1 块
红甜椒（纵向两等分）：2 个
莲藕（细／切成 5mm 厚圆片）：7cm 长
葱（切成 3cm 长）：1 根
杏鲍菇（纵向两等分）：2 个
茄子（纵向四等分）：1 个
盐、花椒粉：适量

做法

1. 从冷藏室取出腌猪肉，静置 30 分钟以上解冻到室温。把烤箱预热到 180℃。
2. 将腌猪肉从袋中取出，吸干多余水分，放入烤箱烤 40 分钟左右。
3. 猪肉烤好前 10 分钟取出，摆好蔬菜，撒一点盐，放回烤箱继续烤。把竹签刺入肉中央，见到透明肉汁流出便算完成。最后再撒一点盐和花椒粉。可根据喜好蘸取柚子胡椒、芥子酱、盐和胡椒（不包含在材料中）食用。

搭配各种蔬菜的盐烤猪肉沙拉

材料

盐烤猪肉的边角料：适量
棕色生菜（撕成一口大小）：1/3 个
芜菁（切薄片）：1/4 个
黄瓜（斜切薄片）：半根
甜椒（红，切丝）：半个
松仁（如果有）：适量

调味汁
醋：半杯　　麻油：70ml
葱花：1 根　　辣椒酱：1 大勺半
鱼露：1 大勺

做法

将调味汁的材料拌匀。加工好的蔬菜摆盘，撒上盐烤猪肉边角料。最后转圈淋上调味汁，撒松仁。

半块煎炒炖煮

腌猪肉已经入了味，可以万无一失地做出洋气十足的熟肉酱。这样一来葡萄酒的酒肴就完美了。

经典佐酒小吃！

半块涮着吃

剩下的腌猪肉就用来涮肉片吧。可以同时品尝到肉和汤的两种美味。理想状态是将整块猪肉煮软，时间有限时可以先切成薄片再涮熟。只要勤刮浮沫，还能得到一碗清澈的汤汁。

酸萝卜卷肉片

材料

腌猪肉（参照 P81，切成 3mm 厚肉片）：半块
白萝卜（薄切圆片）：5cm—6cm
泡菜（零售）、松仁、青紫苏：适量
A 生姜（薄片）：2 片
　葱青：1 根
B 醋：1 杯
　水：半杯
　白砂糖：1—2 大勺

做法

1. 锅中加入 3 杯水和 A，中火煮沸后加入腌肉继续煮。边煮边刮去浮沫。
2. 另取一口小锅加入 B，中火煮沸后放萝卜片再煮 1 分钟关火，静置一旁冷却。
3. 容器中铺上青紫苏叶，将 1 的猪肉和 2 的萝卜装盘。配上泡菜，撒松仁。用萝卜片卷肉片和泡菜食用。

腌肉熟肉酱

材料

腌猪肉（参照 P81，切成一口大小）：半块
大蒜：3 瓣
洋葱（切碎）：1 个
培根（切成 1cm 宽条状）：100g
白葡萄酒：1 杯半
盐、胡椒、橄榄油：适量
芫荽粉（如果有）：1 小勺
面包（薄切）：适量

做法

1. 锅中加入 3 大勺橄榄油（不包含在材料中），中火加热，放入大蒜翻炒。炒出香味后倒入洋葱翻炒。洋葱炒软后加入猪肉和培根、芫荽粉，炒至变色。
2. 挑出大蒜，倒白葡萄酒，转小火炖煮 1 小时左右至猪肉变软。
3. 放凉后将汤汁和肉分开，炖好的肉连同两瓣大蒜一起放进绞肉机绞至糊状。
4. 取出绞好的肉酱，加入少许汤汁和橄榄油，调制成个人喜好的柔软度。尝尝味道，再用盐和胡椒进行调味。最后装盘，配上面包片。

主食乌冬

尝尝煮猪肉剩下的汤汁，若味道不够，就加些淡酱油和盐调味。乌冬按照包装袋上的做法煮好后装进碗里，浇上加热后的肉汤，撒点切丝的芫荽。如果有剩下的肉片，也一起放进去！

用肉汤

酸酸甜甜的白萝卜是最佳配料，回味无穷！

用葡萄酒制作"诱人的鸡尾酒"

即使是味道与想象不符、自己不太喜欢的葡萄酒，也不能就此浪费掉！只要调成鸡尾酒，就会更容易入口，也能变成不一样的味道。请用自己喜欢的搭配方式，把葡萄酒乐享到最后一滴吧。

绵密的红宝石色气泡无比美丽。

跳跃的气泡，停不下来的美味！

酸酸甜甜，极具魅力的风味。

与日本制造的美酒通力合作。

红葡萄酒 ＋ 姜汁汽水	白葡萄酒 ＋ 碳酸水	红葡萄酒 ＋ 起泡葡萄酒	贝利 A 麝香 ＋ 日本酒
按照１：１的比例兑入红葡萄酒和姜汁汽水。还可以榨点柠檬汁加进去。这款鸡尾酒名为"凯蒂"，口味偏甜，很好入口。	只需要在葡萄酒里加入碳酸水的一款简单鸡尾酒。跳跃的气泡口感活泼，很好入口。与任何料理都很搭。	在起泡葡萄酒中加入红葡萄酒调成自己喜欢的颜色。红葡萄酒的涩味因此变得柔和，口味立刻清爽起来。	在日本酒中加入贝利 A 麝香红葡萄酒调成自己喜欢的颜色。这款鸡尾酒度数较高，要注意哦。

让人身心舒畅的热葡萄酒

用小锅加热红葡萄酒，在煮沸前起锅。倒入耐热酒杯中，用肉桂棒搅拌。还可以根据个人喜好加入利口酒或蜂蜜。

如果觉得葡萄酒的味道太"浓"，首先可以加冰。若太甜，就用橘子或柠檬片来增加酸味！

全身暖洋洋～

快手＆简单的桑格利亚。

加冰可以让风味更柔和！

完美的餐前酒！

红葡萄酒 ＋ 橘子汁	红葡萄酒 ＋ 冰	白葡萄酒 ＋ 冰
根据个人喜好在红葡萄酒中加入橘子汁，再放入橘子或柠檬片就完成啦。	在红葡萄酒中加入2—3个冰块尝尝味道吧。想要爽口风味还可以再放几片柠檬。	在白葡萄酒中加入2—3个冰块尝尝味道。杯中放几片柠檬或青柠，看上去也很清爽宜人。

葡萄酒与奶酪的美味关系

与葡萄酒最相亲相爱的食物是奶酪。人们往往认为奶酪是用来配红葡萄酒的，但它的浓郁奶香跟白葡萄酒同样般配。奶酪和葡萄酒就像一对相互吸引的恋人，文中还会介绍 +α 的食材。让我们一起熟悉奶酪的个性，进一步体会葡萄酒的乐趣吧！

[鲜奶酪]

未经熟成，水分较多的奶酪。风味温和，没有过于强势的气味，特点是稍带酸味。

[契福瑞奶酪]

山羊奶做的奶酪。有着独特的香气和酸味，口感较干。这种奶酪个性较强。

[白霉奶酪]

表面覆盖一层白色霉菌的奶酪。特点是奶香浓郁，口感柔滑。随着熟成度增高，口感会更绵软。

奶酪风味

温和 & 新鲜

←

马苏里拉奶酪 ×
推荐这款葡萄酒！

白　密斯卡岱和雷司令等酸味较强的淡质白葡萄酒

红　黑比诺等比较好入口的淡质红葡萄酒

+α　**青紫苏**

只要夹在奶酪中间即可。清新的香气与起泡葡萄酒也十分相配。

圣莫尔都兰海纳奶酪 ×
推荐这款葡萄酒！

白　白诗南和长相思等中质白葡萄酒

红　黑比诺等风味清爽的淡质红葡萄酒

+α　**橄榄油**

淋在奶酪上，撒点芫荽。几种香味相辅相成，葡萄酒喝不停！

卡门培尔奶酪 ×
推荐这款葡萄酒！

白　维欧尼等余韵较长的浓质白葡萄酒

红　黑比诺等淡质红葡萄酒，以及梅洛等温和柔滑的中质红葡萄酒

+α　**果酱**

果酱的酸甜口味能够缩短奶酪与红葡萄酒的距离。

实用小知识!

奶酪保存法

如果奶酪吃不完，基本上都是用保鲜膜包住切口放进冷藏室保存。卡门培尔这种中间很柔滑的奶酪，要先盖上铝箔纸再用保鲜膜包起来。伊泊斯这种水分较多的洗浸奶酪，可以用保鲜膜轻轻包住盒子放进冷藏室保存。

[蓝纹奶酪]

在奶酪中繁殖绿霉菌令其熟成的奶酪。咸味较强，有着浓郁的味道。

[洗浸奶酪]

用盐水和当地土酒洗浸表面令其熟成的奶酪。具有个性十足的香气，风味浓郁而富有奶香。

[硬质奶酪]

去除水分制作的硬奶酪。多数块头很大，而且保存时间也较长，熟成后风味更醇厚，还会散发出坚果的香气。

强势 & 熟成

洛克福奶酪 ×
推荐这款葡萄酒!

白　霞多丽和维欧尼等浓质白葡萄酒和甜葡萄酒

红　赤霞珠和西拉等浓质葡萄酒

 蜂蜜

蜂蜜的甜味可以缓和咸味，更好搭配葡萄酒。

伊泊斯奶酪 ×
推荐这款葡萄酒!

白　果味丰富的霞多丽等中质葡萄酒

红　品种不限，浓醇的熟成红葡萄酒

 坚果

绵软的奶酪中加入碾碎的坚果。爽脆口感和醇厚风味可以让奶酪独特的口味变得更温和。

帕马森奶酪 ×
推荐这款葡萄酒!

白　霞多丽等风味不会被奶酪的鲜味压过的浓质白葡萄酒

红　赤霞珠等经过熟成的浓质红葡萄酒

 果干

集齐鲜味、甜味、酸味三种风味，能搭配的葡萄酒范围就更广了。

与起泡葡萄酒最配！

奶酪酒肴

奶酪直接吃固然好吃，稍微下点功夫做成酒肴，则能品尝到截然不同的风味，推荐大家试试。

奶酪饼干

酥脆的口感与起泡葡萄酒的气泡是绝配。

材料（方便制作的分量）

小麦粉：80g
无盐黄油：50g
蓝纹奶酪：50g

做法

1. 把所有材料放入搅拌机，搅拌至均匀混合。
2. 砧板铺保鲜膜，取出 1 放在上面，然后再盖一层保鲜膜。用擀面杖将其擀成 1cm 厚，放进冷藏室冷藏 1 小时。
3. 烤箱预热到 170℃。将 2 取出，切成个人喜好的大小。放入烤箱，烤约 17 分钟，放凉后完成。

在酒肴不够时。

更简单的奶酪酒肴

派饼适合作为制作时间不足时的方便酒肴。只需用生奶油混合蓝纹奶酪调软后涂在派饼上放入烤箱烤制，再切成个人喜欢的大小就完成了。

走进葡萄酒

酿酒人和品酒人，
店家和顾客……
与葡萄酒的邂逅，
也是人与人的邂逅。

PART_1

好喝的葡萄酒，
有趣的葡萄酒。
一起去看看给人带来欢乐和感动的
葡萄酒如何诞生吧？

Let's go to Winery

去酒庄看看！

三泽葡萄酒庄在明野（三泽农场）的葡萄园。

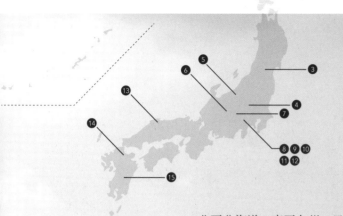

北至北海道，南至九州，日本全境都散布着葡萄酒庄。如果你喜欢一款葡萄酒，就到它的酒庄去看看吧！站在葡萄园里，对葡萄酒的感触会进一步加深，连品味方式都会随之发生改变。

* 日本有许多酒庄都接受参观，但多数酒庄在收获期和冬季都会停止开放，在参观前务必先向酒庄咨询。

WINERY MAP LIST

北海道 ① 池田町葡萄·葡萄酒研究所
池田葡萄酒城
北海道中川郡池田町字清见 83-4
☎ 015-572-2467（无须预约）
http://www.tokachi-wine.com

② 北海道葡萄酒株式会社
北海道小樽市朝里川温泉 1 丁目 130 番地
☎ 0134-34-2187（团体需预约）
http://www.hokkaidowine.com

山形 ③ 武田酒庄
山形县上山市四谷 2-6-1
☎ 023-672-0040（需预约）
http://www.takeda-wine.co.jp

栃木 ④ 可可农场酒庄
栃木县足利市田岛町 611
☎ 0284-42-1194（无须预约）
http://www.cocowine.com

新潟 ⑤ 岩之原葡萄园
新潟县上越市大字北方 1223
☎ 025-528-4002（团体需预约）
http://www.iwanohara.sgn.ne.jp

长野 ⑥ 信浓葡萄酒
长野县盐尻市大字洗马 783
☎ 0263-52-2581（团体需预约）
http://www.sinanowine.co.jp

⑦ 万子葡萄酒小诸酒庄
长野县小诸市诸 375
☎ 0267-22-6341（团体需预约）
http://www.mannswine-shop.com

山梨 ⑧ 胜沼酿造（P92）

⑨ 三得利登美丘酒庄
山梨县甲斐市大垈 2786
☎ 0551-28-7311（9:30—16:30）
http://www.suntory.co.jp/factory/tominooka/

⑩ 中央葡萄酒（P94）

⑪ 酒折葡萄酒庄
山梨县甲府市酒折町 1338-203
☎ 055-227-0511（团体需预约）
http://www.sakaoriwine.com

⑫ 梅尔怡安酒庄
山梨县甲州市胜沼町下岩崎 1425-1
☎ 0553-44-1011
http://www.chateaumercian.com

岛根 ⑬ 岛根葡萄酒庄
岛根县出云市大社町菱根 264-2
☎ 0853-53-5577（无须预约）
http://www.shimane-winery.jp

大分 ⑭ 安心院葡萄酒工房
大分县宇佐市安心院町下毛 798
☎ 0978-34-2210（导游需预约）
http://www.ajimu-winery.co.jp

宫崎 ⑮ 都农葡萄酒
宫崎县儿汤郡都农町大字川北 14609-20
☎ 0983-25-5501（需预约）
http://www.tsunowine.com

胜沼酿造

KATSUNUMA WINERY

胜沼酿造的酒庄之旅，从感受酿酒人的心意开始。

　　"希望大家来学习。"我们向胜沼酿造的社长有贺雄二先生询问关于酒庄参观的问题时，得到了这样的答案。

　　从东京沿着中央公路往西行驶 1 个小时左右，就来到了放眼望去尽是广阔葡萄园的山梨县甲州市。这里的日本特有葡萄品种"甲州"的栽培量全国第一，是"甲州"葡萄酒的产地。有贺先生为了让与日本料理搭配度极高的甲州成为世界知名的葡萄酒，不断挑战酒泥陈酿法，以及将葡萄冷冻令果实凝缩熟成等新的酿酒方法。他坚持不懈地追求甲州葡萄酒的美味，酿成了充分表达土地个性、风味深邃的葡萄酒。

　　"理解了酿酒人的想法和心意，葡萄酒也就产生了价值。所谓价值，是能够打动人心的东西。品酒和酿酒人共享那个价值，就能让品味葡萄酒的愉悦更上一层楼。"

　　葡萄酒不仅体现了葡萄和土地的个性，还蕴含着酿酒人的心意。访问酒庄就是一个好机会，让我们可以了解凝聚在葡萄酒中的酿酒人的心意。

有贺雄二先生

1937 年创建的葡萄酒庄胜沼酿造的第三任社长。他的目标是让日本特有葡萄品种"甲州"走向世界，酿出世界知名的葡萄酒，与此同时，他也时刻追求着葡萄酒新的可能性。

在和风空间品尝日本的葡萄酒!

酒庄一日游

【酒庄主人路线】

酒庄主人亲自担任导游

1 60min

讲座：发现隐藏在葡萄酒中的酿酒人心意。

共享葡萄酒的价值

2 10min

移步至酒杯展厅，进行关于葡萄酒和酒杯的讲座。

3 20min

参观葡萄园和酒窖。

4 60min

在气氛宁静的和室中品尝葡萄酒。

5 30min

伴手礼采购时间。

了解料理和葡萄酒的搭配知识

6 60min

在胜沼酿造直营的餐厅"风"中用餐。

"充实的 4 个小时!"

— DATA —

胜沼酿造

酒庄主人路线

活动时间：约 4 小时

费用：10000 日元（需预约）

工作人员路线

活动时间：约 2 小时

费用：2000 日元（需预约）

品酒路线

活动时间：约 30 分钟

费用：500 日元（随时）

山梨县甲州市胜沼町下岩崎 371

☎ 0553-44-0069

http://www.katsunuma-winery.com/

*2014 年 7 月信息（以下同）。

GRACE WINERY

中央葡萄酒

明野·三泽酒庄

还能看到平时难
得一见的设备。

酒庄一日游

—

【精品酒庄一日游】 参观广阔的三泽农场，学习真正的葡萄酒。

1 75min
在明野·三泽农场
的葡萄园里听取有
关葡萄种植环境和
栽培的讲座。

➡

2 15min
在酿酒房听取将
葡萄变成葡萄酒
过程的讲座。

➡

3 30min
正宗的品酒会。

品种和土地
造就不同的
风味，十分
有趣！

在青山绿水
环绕下的葡
萄园

"对葡萄酒的情怀加深了。"

—— DATA ——

明野·三泽酒庄

精品酒庄一日游
活动时间：约 2 小时
费用：4000 日元（需预约）

山梨县北杜市明野町
上手 11984-1
☎ 0551-25-4485

葡萄决定了酒的风味。所以希望大家来看看葡萄生长的地方！

三泽彩奈女士

三泽酒庄的栽培酿造部长。在法国等世界各国酒庄深造，归国后倾尽自身的酿造技术，每天都充满热情地投身于葡萄酒酿造事业。

中央葡萄酒的酒庄之旅，从葡萄园开始。

　　明野·三泽农场被大片的青山绿水环绕，这里有着日本最长的日照时间，降水量低，昼夜温差大，是个凉风宜人、适合种植葡萄的地方。"我至今都忘不了第一次踏上这片土地的感动。"中央葡萄酒第四任社长的长女——栽培酿造部长三泽彩奈女士说。

　　2002 年开垦的这片葡萄园主要种植甲州，同时也有梅洛和霞多丽等欧洲品种。葡萄藤不断向上攀爬的光景，和欧洲广袤的葡萄园一样。长势

强劲的甲州主要采用让藤条大片展开的棚式栽培法，但在这里，三泽女士却采用了垣根式栽培法。

　　"甲州是比较难提高糖度的品种，但采用垣根式栽培法就能种植出凝聚浓厚果味的葡萄。"

　　站在这片葡萄园里，就能切实感受到葡萄酒是自然馈赠的饮品。再加上酿造者的技术和热情，葡萄酒的风味就变得更加浓郁。这里的葡萄酒之旅，能令人感受到自然与人、与葡萄酒之间的紧密联系。

胜沼恩典酒庄

酒庄一日游

【了解甲州葡萄一日游】　　　　　了解葡萄种植到酿造的全过程

1 40min
从酒庄出发，步行约 3 分钟来到葡萄园。听取关于葡萄剪枝和栽培的讲座。

2 20min
在酿酒房听取关于葡萄酒酿造的讲座。

3 40min
品酒会。

同样是甲州，不同的葡萄园也会酿出不同的味道……

"重新认识了甲州的魅力！"

—— DATA ——
胜沼恩典酒庄

了解甲州葡萄一日游
活动时间：约 1 小时 40 分
费用：2000 日元（需预约）
品酒活动
活动时间：约 40 分钟
费用：1000 日元（需预约）

山梨县甲州市胜沼町等々力 173
☎ 0553-44-1230
http://www.grace-wine.com

我们学习了葡萄酒和料理的关系，也看过了葡萄生长的土地。心情正无比激动！接下来，我们就可以去买自己想喝的葡萄酒了。好像已经能用跟以前截然不同的视角挑选葡萄酒了！

去买葡萄酒吧!

Let's Go!

Step

1 找到葡萄酒商店。

先试试到附近的商店里看看。首先要看葡萄酒是否用了合适的保存方式。室温是否微凉，太阳和荧光灯的光线是否直接照射在了葡萄酒上。然后去推荐商品柜台看看里面都有些什么商品吧。店员是否热爱葡萄酒也是需要关注的重点。

Step

2 跟店员聊聊。

例如，可以透露今晚准备做的菜式，请店员推荐合适的葡萄酒。把自己喜欢的风味告诉店员，也是挑选葡萄酒万无一失的保证。跟店员聊天，是找到自己喜爱的葡萄酒的捷径。

Step

3 关注原产国和品种。

品尝自己买回来的葡萄酒时，试着关注原产国和品种吧。刚开始就算很快忘了也不要紧，只要多重复几次，就能搞清楚自己喜欢的味道。比如"我喜欢法国霞多丽的味道"，这就成了下次购买的标准。

Step

4 再次造访葡萄酒商店。

再到商店里看看，把品尝店员为你推荐的葡萄酒的感想告诉他吧。"我不太喜欢""味道太浓了""很好入口"等，说什么都可以。这样能让店员渐渐掌握你的喜好，下回说不定就能给你推荐到好喝的葡萄酒！无须着急，一边挑选一边享受探索的乐趣吧。

侍酒师真传！

寻找 1000 日元葡萄酒的方法

挑选的第一个关键，在于原产国和品种。单看这两点就能大致分出"淡质"和"浓质"。

虽然每天都想喝葡萄酒，可是却很容易因为"葡萄酒太贵""贵的葡萄酒才好喝"等原因，让它变成每周、每月才享用一次的奢侈品。当然，确实是有昂贵又好喝的葡萄酒，然而也别忘了，还有许多价格适中又适合搭配家庭料理的葡萄酒。

试试这些产地吧！

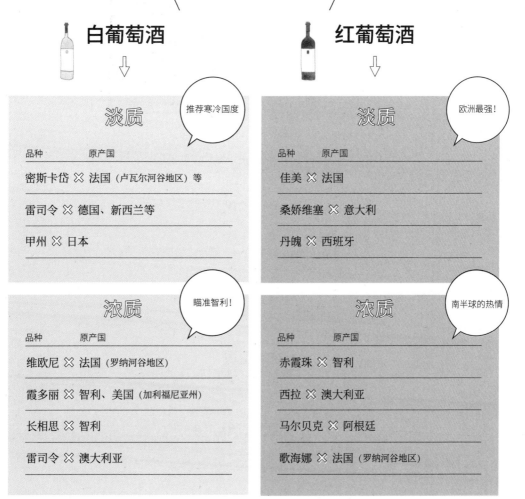

白葡萄酒

淡质

推荐寒冷国度

品种	原产国
密斯卡岱 ✕	法国（卢瓦尔河谷地区）等
雷司令 ✕	德国、新西兰等
甲州 ✕	日本

浓质

瞄准智利！

品种	原产国
维欧尼 ✕	法国（罗纳河谷地区）
霞多丽 ✕	智利、美国（加利福尼亚州）
长相思 ✕	智利
雷司令 ✕	澳大利亚

红葡萄酒

淡质

欧洲最强！

品种	原产国
佳美 ✕	法国
桑娇维塞 ✕	意大利
丹魄 ✕	西班牙

浓质

南半球的热情

品种	原产国
赤霞珠 ✕	智利
西拉 ✕	澳大利亚
马尔贝克 ✕	阿根廷
歌海娜 ✕	法国（罗纳河谷地区）

此表格为一般看法，仅供参考。

标签能告诉我们什么

店里没有店员，或者店员正忙时，可以把目光转向酒瓶上的标签。那上面就有提示葡萄酒风味的信息。

实际品尝过后，觉得"比想象中要浓"，或者"味道有点淡"，那就把这种酒真正的味道和自己预想的味道差异记在心里，作为下一次挑选的基准。

再看后面的标签

Step **1** 寻找品种名称

标签上写着"Cabernet Sauvignon（赤霞珠）"。这是果味和涩味都较强的葡萄品种，那么可能是偏浓质的葡萄酒。

Step **2** 寻找国家、地区名称

标签上还写着国名。是"南非"！南非的葡萄都在阴凉山地种植，可能风味会比较柔和……如此这般来推想葡萄酒的味道。

乍一看好像很复杂的标签，其实……

产地名称：阿尔萨斯
"是凉爽地区。"

品种：雷司令
"属于清爽系吧。"

酒精度数
"比较低呢。"

葡萄园名称：Bildstoecklé
"没听说过啊。"

酿酒人姓名地址：杰拉尔·修雷尔
"是什么样的人呢……"

年份（葡萄收获年）
"比较新的酒。"

如此推理一番……
（2012 年的）阿尔萨斯雷司令，应该是清新爽口的风味。跟和食会很搭配呢！

就算不清楚葡萄园和酿酒人的信息，只要找出品种和产地，就能放心挑选！

实测看看

实在很迷茫的时候，就看标签设计挑选！？

㊿   �51   �52   �53

从标签设计猜测味道……

"好可爱啊"	"别看面貌独特，说不定味道很温和。"	"唔……好喝得人都倒过来了！？"	"连大象都喜欢的苹果味葡萄酒吗？"
"一定是充满魅力的味道！"	"应该很强势吧。"	"应该很涩吧。"	"好像很清爽呢！"

实际喝过的感想……

⇩	⇩	⇩	⇩
外表虽然可爱，但酸味和涩味都很到位，非常好喝！是具有个性的风味，很适合送礼。	有着南国水果的香气，果味和酸味让人上瘾。冰镇过后用来搭配鱼类料理应该会更好喝。	口感很新鲜，不腻。清爽的同时也有温润的感觉。应该每天喝都不会厌倦。	白色水果的清香。味道简约而清爽，余韵柔和。可以跟三五好友轻松愉悦地享用。

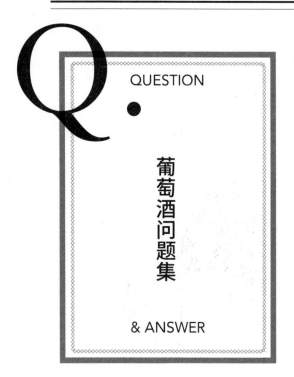

QUESTION

葡萄酒问题集

& ANSWER

Q1

我买了白葡萄酒和红葡萄酒，它们讲究开瓶的先后顺序吗？

ANSWER

　　如果在餐厅就餐，服务员一般会按照起泡葡萄酒、白葡萄酒、红葡萄酒的顺序询问饮品，家庭饮用也一样。在招待朋友用餐时，先用起泡葡萄酒干杯能够带动餐桌气氛。如果按照先冷盘后热盘的顺序安排上菜，葡萄酒也可以从淡质到浓质逐一搭配。如果是用大盘一次上齐所有料理，则推荐同时准备几种酒水以供客人随心挑选。

Q2

我在法国看到了写着"甲州"的葡萄酒。日本的葡萄酒也走向世界了啊。

ANSWER

　　日本固有的甲州品种以前被认为味道过于淡薄，不适合酿制葡萄酒，但在众多酒庄的努力之下，现在也能用甲州酿出得到国际认可的葡萄酒了。2010 年，甲州获得了 O.I.V（国际葡萄·葡萄酒认证机构）的品种登记，终于能够在出口欧盟各国的葡萄酒标签上标注品种名称。2013 年，贝利 A 麝香也获得认证。随着和食的热潮席卷世界，不仅是国内，日本葡萄酒在海外也人气看涨。

Q3

我买了一瓶旋盖葡萄酒，丈夫却说："今天喝便宜货啊。"其实那是我试饮后觉得非常好喝才买回来的……

ANSWER

　　最近经常能看到旋盖的葡萄酒。有人认为那是大批量生产的廉价葡萄酒，其实它与使用瓶塞的葡萄酒有着同等的风味和品质。这种酒无须担心瓶塞导致酒液变质（bouchonné，瓶塞污染），方便品质管理，在澳大利亚和新西兰已经成为主流。它也不需要使用开瓶器，即使喝不完也能旋紧瓶盖，携带也很方便。它不仅作为家庭饮用的葡萄酒受到欢迎，还作为户外葡萄酒广受好评。

Q4

我不小心把红葡萄酒洒在白色连衣裙上了。这是我很喜欢的裙子，真是太打击人了。

ANSWER

红葡萄酒洒到白衣服上了呀……这种时候无须慌张，可以先用吸满水的毛巾夹住弄脏的部位，然后轻轻拍打。也有人说，换成碳酸水更容易去除污渍。做完这个紧急处理后，就去洗衣店问问看吧。最近有的店推出了去除葡萄酒渍的专用清洁商品，可以一试。

Q5

我在家里开了一场品酒会，有些葡萄酒喝剩下了一些，于是我就想试试新的味道。可以把白葡萄酒跟红葡萄酒混起来喝吗？

ANSWER

家庭饮用葡萄酒不存在禁忌，请务必尝尝亲手调制的桃红葡萄酒。在白葡萄酒中一点点加入红葡萄酒，调成自己喜欢的颜色。樱花的季节可以调成淡淡的粉色来营造氛围。炎热的夏季还可以跟起泡葡萄酒混在一起，调成充满夏日清凉气息的饮品。

Q6

商店推荐葡萄酒的广告牌上写着"自然派"。怎么样才算是自然派葡萄酒啊？

ANSWER

所谓自然派葡萄酒，就是回归传统手法，尽量依靠自然之力酿制葡萄酒。为了凸显土地的特色，从种植到酿制过程完全体现了酿酒人的哲学。除有机耕种、人手采摘、使用天然酵母、无过滤、不添加抗氧化剂之外，还有法律规定的生物动力农法和有机农法葡萄酒等各种叫法。这种葡萄酒的风味是由自然孕育而生，多数都具有顺滑的口感。

Q7

开瓶之后感觉香气跟以往不一样，这种酒能喝吗？

ANSWER

如果没有葡萄酒的果实清香，反倒是一股纸皮箱或湿抹布的味道，那可能就是所谓的"瓶塞污染"了。最近这种现象已经越来越少，但并没有完全绝迹。如果味道不重，过段时间就会消退。如果还是很介意，可以加入大量姜汁汽水，用它来调制鸡尾酒。或者用来做菜，只要煮上一段时间，那种味道就闻不到了。

葡萄酒单
Wine List

白葡萄酒

① 瓦豪绿斐特丽娜猎鹰级（Högl Grüner Veltliner Federspiel）2011 M

② 李察·布鲁赫绿斐特丽娜猎鹰级（Richard Bruch Grüner Veltliner Federspiel）2013 F

③ 三得利日本精品甲州（Suntory Japan Premium Koshu）2012（2013）I

④ 美露香胜沼甲州（Château Mercian Katsunuma Koshu）2012（2013）K

⑤ 佩皮耶密斯卡岱（Pépière Muscadet）2012（密斯卡岱 AB 2013）E

⑥ 露诺帕平酒庄塞伏尔—马恩酒泥陈酿密斯卡岱（Domaine Pierre Luneau-Papin Muscadet-Sèvre-et-Maine Sur LieCuvée Verge）2012 G

⑦ 黑猫雷司令（Zeller Schwarze Katz Riesling）2012 I

⑧ 露纹酒庄艺术系列雷司令（Leeuwin Estate Art Series Riesling）2012（2013）B

⑨ 塞拉齐尼埃尔酒庄 马孔内老藤特酿霞多丽（Domaine de la Sarazinière Mâcon Bussières Vieilles Vignes Cuvée Claude Seigneuret）2010（2012）G

⑩ 维斯塔酒庄索诺玛霞多丽（Buena Vista Sonoma Chardonnay）2011 A

⑪ 菲乐丝酒庄安茹拉沙佩勒拉夏贝尔老藤白诗南（Château de Fesles Anjou-Blanc La Chapelle Chenin SecVieilles Vignes）2010（2011）H

⑫ 酷乐酒庄白诗南干白（Couly-Dutheil "Les Chanteaux" Chinon Blanc）2012（2013）D

⑬ 帕雷德斯酒庄长相思（Torreón de Paredes Valle de Rengo Sauvignon Blanc）2012（2013）F

⑭ 桑塞尔长相思（Sancerre Les Longues Fins）2011（2013）G

⑮ 克里斯蒂安·宾纳琼瑶浆特酿（Christian Binner Gewurztraminer Cuvée Béatrice）2012 N

⑯ 鲁法克海岸 2011 琼瑶浆（Côte de Rouffach 2011 Gewurztraminer）（2012）O

⑰ 加博里埃克酒庄维欧尼（Domaine de Cabriac Viognier）2010（2012）E

⑱ 恬宁酒庄 2010 圣芙蓉地区餐酒维欧尼（Vin de Pays du Var Viognier Sainte Fleur2010 Triennes）H

⑲ 塔哈布里克玛珊（Tahbilk Marsanne）S '12 B

⑳ 蒙德耶圣约瑟夫干白（Domaine du Monteillet Saint-Joseph Blanc）2010（2012）G

红葡萄酒

㉑ 间谍谷酒庄马尔堡黑比诺（Spy Valley Pinot Noir Marlborough）2011 L

㉒ 法维莱酒庄勃艮第黑比诺（Faiveley Bourgogne Pinot Noir）2010（2012）H

㉓ 日本葡萄地酒山梨贝利 A 麝香（Japanese Local Wine Hosaka Muscat Bailey A）2009（2011）K

㉔ 三得利日本精品贝利 A 麝香（Suntory Japan Premium Muscat Bailey A）2011（2012）I

㉕ 佩宏酒庄都兰佳美（Haut Perron Touraine Perdoriotte）2012（2013）E

㉖ 杜宝夫酒庄博若莱（Georges Duboeuf Beaujolais）2013 I

㉗ 阿萨巴奇酒庄丹魄（Azabache Tempranillo）2012 P

㉘ 索拉尔酒庄珍藏干红（Solar Viejo Reserva）2008 I

㉙ 厄巴卢纳酒庄内比奥罗（Erbaluna Langhe Nebbiolo）2010 E

㉚ 赛拉图巴罗洛（Ceretto Barolo）2010 Q

㉛ 本顿诺酒庄基安蒂戈拉斯克（Buondonno Chianti Classico）2008 E

㉜ 博里扎诺酒庄基安蒂（Poliziano Chianti）2011 A

㉝ 帕雷德斯酒庄梅洛（Torreón de Paredes Merlot Valle de Rengo）2011（2012）F

㉞ 旭日梅洛（Sunrise Merlot）2012（2013）K

㉟ 巴顿嘉斯蒂酒庄梅多克（Barton & Guestier Médoc）2010（2012）I

㊱ 圣海伦娜酒庄赤霞珠（Santa Helena Gran Vino Cabernet Sauvignon）2012（2013）A

㊲ 梦幻西拉（Dreamtime Pass Shiraz）2010（2013）B

㊳ 帕雷德斯酒庄西拉珍藏（Torreón de Paredes Syrah Reserva）2008（2012）F

㊴ 金鹰庄园仙粉黛限量珍藏（Millaman Zinfandel Limited Reserve）2012 R

㊵ 夫斯格拉酒庄仙粉黛（Foxglove Zinfandel）2012 B

* 括号内是 2014 年市面可见的新年份

桃红葡萄酒

㊶ 安茹桃红（Rosé d'Anjou）2011　　　　　　　　　　　　　　　　A
㊷ 德芳酒庄高多·伐华桃红夜之梦（Domaine du Deffends Côteaux Varois Rosé d'une Nuit）2012　G
（2013）
㊸ 宝逸桃红（Viña Albali Rosé）2012　　　　　　　　　　　　　　A
㊹ 红魔鬼西拉桃红（Casillero del Diablo Shiraz Rosé）2012（2013）　K

㊶ ㊷ ㊸ ㊹

起泡葡萄酒

㊺ 浆果联合王国特酿天然纯白香槟（Berrys United Kingdom Cuvée Blanc de Blanc Brut）　J
㊻ 菲利普·柯林勃艮第起泡天然白中白香槟（Philippe Colin Crémant de Bourgogne Brut Blanc de　H
Blancs）
㊼ 马拉戈利亚诺酒庄霞多丽天然（Borgo Maragliano Chardonnay Brut）NV　　　　　C
㊽ 弗雷西列酒庄莫纳斯特雷尔 & 沙雷洛混酿（Freixenet Monastrell Xarel-lo）2009　　I
㊾ 黄色峡谷红起泡葡萄酒（Yellowglen Red）NV　　　　　　　　　B

㊺ ㊻ ㊼ ㊽ ㊾

看标签选酒

㊿ 名爵酒庄猎犬红葡萄酒（Jermann Blau & Blau）2011　　　　　　　　T
51 猎豹酒庄白诗南（Leopard's Leap Chenin Blanc）2013　　　　　　　T
52 姆萝拉酒庄混酿红葡萄酒（La Murola Due Gambe Rosso）　　　　　　S
53 巴伦斯白诗南 & 鸽笼白混酿（Balance Chenin Blanc Colombard）　　　　S

50 51 52 53

葡萄酒摄影协助／咨询电话

A　朝日啤酒株式会社（0120-011-121）
B　乡村酒窖株式会社（0766-72-8680）
C　日本奥莱株式会社（03-5433-6366）
D　阿尔甘株式会社（03-3664-6591）
E　如意屋株式会社（0277-22-0737）
F　日智贸易株式会社（072-681-8624）
G　横滨君岛屋株式会社（045-251-6880）
H　好运株式会社（03-3586-7501）
I　三得利葡萄酒国际株式会社（0120-139-380）
J　贝利兄弟 & 拉德（03-5220-5491）

K　梅尔恰安株式会社（0120-676-757）
L　阿尔科贸易信托有限公司（03-5702-0620）
M　海伦贝卡·霍夫株式会社（072-624-7540）
N　迪欧尼株式会社（075-622-0850）
O　奥尔波株式会社（03-5261-0243）
P　千商株式会社（03-5547-5711）
Q　范因斯株式会社（03-6732-8600）
R　皮罗德日本株式会社（03-3458-4455）
S　远洋株式会社（0120-522-582）
T　艾诺帝卡株式会社（0120-81-3634）

酒杯摄影协助／咨询电话

リ　｜里德尔葡萄酒精品青山总店（03-3404-4456）
キ　｜金堂株式会社（03-3780-5771）
アム　｜阿姆株式会社（044-948-8211）
木　｜木村硝子店（03-3834-1781）
g　｜四九株式会社 govino 事业部（03-5875-3649）

酒具摄影协助／咨询电话

グ　｜环球株式会社（0120-60-9686）
アン　｜安特列株式会社（03-5368-1811）
ル　｜乐克勒塞客服热线（03-3585-0198）
ラ　｜兰帕斯株式会社（03-3862-6570）
ジ　｜日本国际商事株式会社（03-5790-2345）

作者

佐藤阳一

东京六本木葡萄酒餐厅 Maxivin
的店主兼主侍酒师。曾经带着成为
专业厨师的梦想前往法国，在那
里体会到了葡萄酒的迷人之处，
转而钻研侍酒师职业。后来成为
巴黎侍酒师协会会员，旅行各地
积累经验。回国后陆续在几家餐
厅担任侍酒师，于 2000 年创建了
Maxivin。2005 年获得全日本最
优秀侍酒师称号。2007 年代表日
本前往希腊参加第 12 届世界最优
秀侍酒师大赛。2011 年获得东京
都优秀技能者"东京名匠"大奖。
2012 年代表日本前往韩国参加亚
洲最优秀侍酒师大赛，持有 ASI
国际侍酒师协会颁发的侍酒师证
书。2013 年创建餐厅 Lespace A。
http://www.maxivin.com/

IENOMI WINE GUIDEBOOK
Copyright ©2014 Yoichi Sato.
All rights reserved.
Originally Japanese paperback edition published by NHK Publishing, Inc.
This simplified Chinese edition is published by arrangement with NHK Publishing, Inc.
through Japan Uni Agency, Inc., Tokyo.
Simplified Chinese edition copyright: 2020 New Star Press Co., Ltd.

著作版权合同登记号：01-2017-8379

图书在版编目（CIP）数据

买醉在家：侍酒师的家庭葡萄酒品饮指南 /（日）佐藤阳一著；吕灵芝译 . -- 北京：新星出版社，
2020.7
ISBN 978-7-5133-3746-5
Ⅰ . ①买… Ⅱ . ①佐… ②吕… Ⅲ . ①葡萄酒 - 指南 Ⅳ . ① TS262.6-62
中国版本图书馆 CIP 数据核字 (2019) 第 222923 号

买醉在家：侍酒师的家庭葡萄酒品饮指南
[日] 佐藤阳一 著　吕灵芝 译

策划编辑：东 洋		**印　刷**：北京美图印务有限公司	
责任编辑：李夷白		**开　本**：787mm X 1092mm　1/16	
责任校对：刘 义		**印　张**：7	
责任印制：李珊珊		**字　数**：42 千字	
装帧设计：@broussaille 私制		**版　次**：2020 年 7 月第一版 2020 年 7 月第一次印刷	
美术编辑：42 Studio・Caramel		**书　号**：ISBN 978-7-5133-3746-5	
		定　价：88.00 元	

出版发行：新星出版社
出 版 人：马汝军
社　　址：北京市西城区车公庄大街丙 3 号楼 100044
网　　址：www.newstarpress.com
电　　话：010-88310888
传　　真：010-65270449
法律顾问：北京市岳成律师事务所

读者服务：010-88310811 service@newstarpress.com
邮购地址：北京市西城区车公庄大街丙 3 号楼 100044